中国特色民居系列丛书

苗族民居室内环境设计研究

李瑞君　贾丽媛　著

中国建筑工业出版社

图书在版编目（CIP）数据

苗族民居室内环境设计研究 / 李瑞君，贾丽媛著
. — 北京：中国建筑工业出版社，2022.8
（中国特色民居系列丛书）
ISBN 978-7-112-27655-4

Ⅰ. ①苗… Ⅱ. ①李… ②贾… Ⅲ. ①苗族—民居—室内装饰设计—研究—中国 Ⅳ. ①TU238.2

中国版本图书馆CIP数据核字（2022）第130404号

本书结合苗族聚居区的自然环境，将民居建筑环境的构成要素作为论述的基础，由整体到个别，由大到小，对苗居室内环境构成要素进行深入研究分析，联系传统民族文化，总结苗族民居室内环境设计特征。其次，结合对苗寨典型民居的实地考察、测绘，对苗族居民的走访调研，归纳整理出苗族民居室内设计的特征。最后，分析苗居所面临的问题，探索其再生设计的可行性。

本书适合室内设计、建筑学等相关专业师生及从业者参考阅读。

责任编辑：杨晓　唐旭
书籍设计：锋尚设计
责任校对：王烨

中国特色民居系列丛书
苗族民居室内环境设计研究
李瑞君　贾丽媛　著

*

中国建筑工业出版社出版、发行（北京海淀三里河路9号）
各地新华书店、建筑书店经销
北京锋尚制版有限公司制版
北京中科印刷有限公司印刷

*

开本：880毫米×1230毫米　1/32　印张：4¼　字数：91千字
2022年8月第一版　2022年8月第一次印刷
定价：**28.00**元
ISBN 978-7-112-27655-4
（39716）

自 序

室内设计的发展趋势大致有三：科技化、生态化和地域化，因此地域性特色是今后室内设计发展的一个重要方向。十几年前我在学校为研究生开设了一门名为“地域性建筑设计研究”的课程，从那时起就开始了中国传统建筑和地域性建筑及环境设计研究。

在快速发展的当下，建筑趋同化现象日益严重，中国富有民情和地域特色的建筑被抛弃，沉淀着历史和民众智慧的各地民居建筑逐渐被雷同的现代建筑取代。在这种现实背景下，保护地域性建筑势在必行。在快速推进城市化的过程中，乡村的建设与发展对乡村人居环境的改善、缩小城乡差距以及城乡一体化发展具有重要意义，具有民族特色的地域性建筑及其环境的营造更是不可或缺的一部分。

本课题所展现的成果以整个中国传统地域性建筑作为自己的关注对象，是一个系列性研究。在研究实施的过程中，选取某一个地区的地域性建筑作为具体的研究对象而渐次开展，譬如羌族民居、摩梭民居、东北木屋、满族民居等特色独具的中国传统地域性建筑。

中国传统地域性建筑的环境艺术设计具有非常鲜明的地域特点，很好地适应了当地的气候条件和自然环境，同时涉及当地的生活习俗和宗教信仰等，从局部研究入手，同时进行整体上的把握，研究具有独特地域特色的地域性住居文化。

通过研究，希望能让更多的人了解中国多种多样的地域性住居文化的特点，以及地域性民居室内环境的营造特征，为继承、发展地域特色的环境艺术设计提供借鉴，为中国当下一直推进的乡村振兴、美丽乡村建设和乡村旅游的发展做出积极有意义的探索。

第一，地域特色的环境艺术设计是今后的发展趋势之一。现代社会的人们在生活居住、文化娱乐、旅游休息中对带有乡土风味、地方特色、民族特点的内部环境往往是青睐有加。本课题的研究可以为室内设计的实践和探索提供有益的借鉴。

第二，在当下中国城市化的进程中，如何在“美丽乡村”建设中保持乡村的特色是我们需要正视和面对的现实。如今的快速发展，逐渐形成一种均质化的环境特点，很多地方已经丧失了原有的地方特点。如何保持差异性，追求地方特色是在今后一个时期需要解决的问题。本课题的研究可以用来指导乡村住宅的更新、改建和再建。

第三，对传统室内设计文化的补充。中国的历史是以汉民族为主的各个民族共同发展的历史，随着历史的发展，一些民族已经融合在历史的长河中。地域性文化在吸收汉族文化的同时，也应保留下来自己的特点。作为地域性文化的组成部分，地域性建筑及其室内设计文化应该得到应有的重视和研究，使其得以延续下去。

李瑞君

2020年10月

前　言

苗族是中华民族中历史最为悠久的民族之一。根据记载，其先祖可以追溯至原始社会的蚩尤部落，从黄河中下游不断向西南迁徙至今天的聚居地。黔东南苗族侗族自治州是目前世界上最大的苗族聚居区，是苗族原生文化的中心，其境内的雷山山麓是苗岭的主要区域，丰富的自然资源为苗族人民的生产生活提供了更多的可能性。面对黔东南复杂的地形，苗族人因地制宜，智慧性地创造了吊脚楼民居。不同于以往对于苗族人文历史、建筑文化、宗教信仰的传统研究，本书专注于苗族民居室内环境设计的研究。作者深入黔东南苗区实地调研，走访了西江、郎德、南花等数个传统苗寨，考察了典型苗族特色民居建筑吊脚楼的室内环境格局与设计。

首先，本书结合黔东南苗族聚居区的自然环境，将民居建筑环境的构成要素作为论述的基础，由整体到个别，由大到小，对苗居室内环境构成要素进行深入研究分析，联系传统民族文化，总结苗族民居室内环境设计特征。其次，结合对苗寨典型民居的实地考察、测绘，对苗族居民的走访调研，归纳整理出苗族民居室内设计的特征。最后，分析苗居所面临的问题，探索其再生设计的可行性。本书旨在为苗族民居室内设计的研究进行补益和完善，进而弘扬苗族民居室内设计文化的艺术与价值。

目 录

第3章 苗族民居建筑环境的概况

第4章 苗族民居室内环境的构成要素

第1章

绪论

1.1 研究背景

苗族是一个历史悠久的古老民族，根据历史文献记载和口碑资料，苗族先民最早居住在黄河中下游，今天的江浙沿海一带，其先祖可追溯到原始社会的蚩尤部落，经过不断迁徙，在黔东南地区形成聚居地。黔东南自治州的苗族人口约171万，是苗族原生文化的中心。黔东南地属中亚热带季风湿润气候区，具有冬无严寒，夏无酷暑，多雨、多湿，雨热同季的特点。地势西高东低，自西部向北、东、南三面倾斜，素有“天无三日晴，地无三尺平”之称，由于山形复杂地势不平，苗族人因地制宜，智慧性地创造了吊脚楼民居。

当今社会，城市建筑趋同化现象日益严重，一部分富有民情和地域特色的建筑被抛弃，沉淀着历史和民众智慧的各地民居建筑面临逐渐消失的可能，取而代之的是千篇一律的现代建筑，在这种现实背景下，保护民族建筑势在必行。在快速推进城市化的过程中，乡村的建设与发展对农民人居环境的改善、缩小城乡差距以及城乡一体化发展具有重要意义，具有民族特色的民居建筑群更是不可或缺的一部分。同时，黔东南苗族侗族自治州作为世界上最大的“民族文化博物馆”，其民族风情、深厚古朴的文化以及传统的工艺等民族民间文化遗产都是非常宝贵的民族旅游文化资源，但是随着旅游业的发展，越来越多的民族传统趋于商业化，虽然在形式上保留原有特征，但是为了迎合旅游者，已沦为一种固定的商业操作，失去了原本的民族内涵，很多传统的苗族文化被扭曲、变异，遭到前所未有的破坏。在掀起民族文化研究潮流的大背景下，对于苗族文化的研究，目前关乎于人文历史、宗教信仰、传统银饰、蜡染以及寨落建造方面的居多，而以室内环境为出发点，从其内部结构、未来发展与再生设计的角度出发的研究文献相对较少。作者的研究致力于梳理苗族民居建筑室内住居文化的完整框架，探索苗族民居室内设计的特征，为新时代背景下苗居的保护、发展和更新提出策略，使得苗族民居室内研究更加完善，同时为地域性传统民居文化研究尽自己的绵薄之力。

1.2 研究目的及意义

1.2.1 研究目的

贵州是一个多民族共居的省份，而黔东南地区是世界上最大的苗族聚居区，近年来随着经济进步、城镇化加快、旅游业发展，苗居寨落也发生着巨大的变化。本书从民居室内环境出发，完善苗族民居建筑设计研究的不完整，通过对黔东南雷山县苗族侗族自治州的苗族民居室内环境设计研究，了解黔东南苗族民居的现实状况，挖掘其在地域环境、历史文化、社会经济生活等影响下的深厚文化和民族内涵，总结苗族民居室内环境设计的特征，分析苗族传统民居在现代化进程中所面临的严峻挑战，总结苗居室内环境构成要素的特征，在不改变传统苗族人民住居习惯的前提下，探索新时代背景下苗族民居的再生设计。

1.2.2 研究意义

民居是一种普遍而又重要的建筑类型，与人们的生产生活息息相关，能反映出一个民族的风俗习惯、宗教信仰、社会制度等。各民族因所处地理环境的不同，所表现出的民居建筑形式也十分丰富。我国西南地区少数民族民居种类多且各具特色，苗族民居就是其中重要的组成部分。苗族是一个历史悠久的古老民族，见证了中华民族璀璨的文化发展进程，历经了历史社会政治、经济文化、人文自然等种种因素的洗礼，屹立至今。苗族民居的发展进程是中华民族住居文化的重要组成部分。迄今为止，我国对于少数民族民居研究已经从单纯的建筑扩大到了历史、民俗、民族文化等学科，但就黔东南苗族而言，研究多限于其古文化、服饰蜡染、传统银饰上，对苗居建筑的研究多是基于建筑和寨落环境与文化的关系上，而其室内环境的构成上并没有系统的研究阐述。所以，苗居室内环境的系统论述对填补苗族民居文化的空缺，以及研究山地、坡地建筑室内环境布局的民族性、地域性特征有着非常重要的意义。

受到城市化和现代化进程的影响，少数民族汉化情况非常严重，苗族也在其中。系统地研究苗族民居吊脚楼室内环境，对其构成要素及特征进行分析并归纳总结，有重要的现实意义。首先，在不改变苗民居住习惯的前提下，通过现代的科技手段对苗居环境进行改善、维护和再生设计，加强苗民对于民族文化的认同感，从而减少苗民盲目地拆毁旧居，建造现代的钢筋混凝土建筑的现象；其次，可以在一定程度上避免旅游业、商业的发展对于苗居文化以及室内环境的影响和破坏；再次，苗族民居建筑及其室内布局的独特性值得现代建筑居住文化借鉴，其在自然环境上表现出的适应性和地域性值得现代建筑学习和思考；最后，通过本书系统的研究分析总结，起到抛砖引玉的作用，引发广大学者对于苗族传统建筑室内住居环境的思考，也为黔东南传统苗族民居的研究和发展做出自己的贡献。

1.3 研究对象及范围

1.3.1 研究对象

限定于研究黔东南苗族典型民居建筑吊脚楼的室内环境设计。苗族民居属于干栏式建筑，在我国传统民居建筑中占有重要的地位，其特有的上楼下畜居住形式以及独特的穿斗式结构，完美地诠释了各个发展时期苗族人民的生产生活习惯，极具民族特色。

1.3.2 研究范围

研究范围包括苗寨的选址及寨落布局特点、建筑的构造及特点、室内布局与构成要素、民俗节日传统，以及特有的民族宗教信仰、图腾等。

调查范围在地域上尽量广泛覆盖黔东南苗族侗族自治州，雷山、镇远、黄平、施秉、三穗、天柱等地的典型苗寨，根据自然环境的差异、人文背景的区别、苗寨类型的不同，选择比较有代表性的苗族寨落进行调查。从分布形式上看，苗寨是以县城、州府（城市社区）为中心，星罗棋布地散落在其四周。作者利用假期两次前往黔东南苗岭进行走访、测绘、调研，所调查的苗寨范围包括：西江苗寨、郎德苗寨、镇远苗寨、久吉苗寨、巫沙苗寨、南花苗寨、乌东苗寨等。

1.4 文献综述

国内研究现况：

对于苗族建筑研究这一领域的著作，以罗德启主编的《贵州民居》和建筑师董明、黎明主编的《图像人类学视野中的贵州乡土建筑》这两部著作最具代表性，全面介绍了贵州地区苗族、侗族、布依族等少数民族的民居及寨落。贵州省建筑设计院罗德启教授的专著《中国民居建筑丛书——贵州民居》于2008年11月出版，这是至今为止对贵州少数民族民居研究较为系统的学术著作。该书介绍了贵州苗族、布依族、侗族等少数民族村寨及山地民居的历史渊源；论述了干栏式民居、山地石构建筑的生成背景；总结了贵州民族村寨和民居类型、建筑空间形态和民族风貌特色的构成要素。贵州民族大学高培编著的《中国千户苗寨建筑空间匠意》于2015年7月出版，该书从建筑学的空间角度对贵州西江苗寨传统民居的空间营建特征与思想进行了挖掘分析，从聚落空间到单体建筑展开研究。中国艺术研究院建筑艺术研究所张欣编著的《中国传统建筑营造技艺丛书——苗族吊脚楼传统营造技艺》于2013年7月出版，该书以黔东南苗族侗族自治州雷山县西江为中心，对吊脚楼进行了系统的研究和阐述。李先逵教授的《苗族民居建筑文化特质刍议》《干栏式苗族民居》等论著，在苗族民居的研究上也做出卓越的贡献。在硕士、博士论文方面，贵州大学卢云的硕士研究生论文《黔东南苗族传统民居地域适应性研究》是从自然和人文环境两大方面着手，深入解析苗族民居地域适应性的研究；兰州城市学院向叶荣的《干栏式苗族民居的研究及其现代启示》注重发掘苗族吊脚楼对现代建筑设计的启示；其他还有中央民族大学关雪莹的硕士研究生论文《苗族民居建筑艺术的保护与传承研究》等。

关于苗族人文历史的主要著述有杨万选的《贵州苗族考》、过竹的《苗族民俗风情》、吴荣臻的《苗族通史》、罗连祥的《贵州苗族地区教育发展与民族传统文化变迁》、胡红绘的《苗族民俗风情》、吴明林的《苗族巫文化研究》、杨正伟的《试论苗族始祖神话与图腾》，等等。

其他有关苗族艺术的著作，有宛志贤的《民族民间艺术瑰宝：苗族银饰》、申卉芷的《论苗族传统服饰图案的现代应用》、赵一凡的《苗族服饰图腾图案研究》等等，都涉及了苗族文化艺术的内涵与发展。

国外研究现况：

19世纪末20世纪初，“贵州苗学”受到了西方传教士和早期人类学家的广泛关注，涌现出大量外国学者的苗族调查报告，例如：英国传教士洛克哈特的《关于中国的苗子或土著居民》（On the Miao-tsze or Aborigines of China，1861）、英国军人布勒契斯顿的《扬子江上的五个月》（Five Months on the Yangtse，1862）、英国传教士克拉克的《中国西部的苗子和其他部落》（The Miao and Other Tribesin Western China，1894）、法国巴黎外方传教会的神父萨维那所著的《苗族史》，英国内地会传教士克拉克、循道公会传教士柏格理等人大量的调查报告，还有日本早期人类学家鸟居龙藏在1902年7月30日～1903年3月13日到中国南部进行了七个多月的考察后，出版的《苗族调查报告》，日本白鸟芳郎先生的《西南中国少数民族之一考察——彝族和苗族》；以及日本伊藤清司先生所写的《中国民话之旅行——云贵高原的稻作传承》，等等。

1.5 研究思路和方法

1.5.1 研究思路

本书对苗族民居室内环境设计的研究主要采取总体的、发展的和比较的研究思路。

一、总体的研究思路

将苗寨的自然、社会环境看作一个大的整体，把室内环境、建筑、景观、人文联系起来，研究外部总体的大环境对室内环境的影响。

二、发展的研究思路

民居室内环境是一个不断发展、变化的灵活的空间组织关系，要研究其生长、延续的过程。

三、比较的研究思路

将苗族民居室内构件同其他民族相似构件进行比较研究，将苗族民居室内环境与其临近且比较相似的侗族民居室内环境进行比较研究，从而明确苗族民居室内环境的特征。

1.5.2 研究方法

一、文献研究方法

阅读大量文献资料，收集数据信息。收集归纳整理关于苗族历史、文化和苗族民居建筑的资料，形成对研究课题的总体认知和把握，为制定整体的目标和计划奠下基础。

二、调查研究方法

实地调研考察，勘测记录。田野调查至关重要，作者亲赴黔东南苗族聚居区，进行现场踏勘、摄影、测绘，以及走访调研记录。

三、经验总结研究方法

收集到大量的资料后，进行归纳总结，推陈出新。结合民族历史文化、自然地理环境、宗教信仰、建造技艺、工艺美术等大量苗族文献资料，运用比较分析学、类型学等方法，对于苗族民居室内环境的研究做出系统的归纳和总结，得出自己的观点与结论，并对现代建筑有所启示。

1.6 小结

苗族民居室内环境研究目前还没有比较完整、系统的研究论述，文章力求运用科学、严谨的研究方法，按照“由浅及深、由一般到个别、由整体到部分”的逻辑结构进行论述。作者亲赴黔东南苗区进行实地调研考察，对富有民族性、地域性的苗族典型民居吊脚楼进行深入研究，了解其内在的民族住居文化内涵，通过归纳总结对苗族室内环境特征进行梳理。本章是整篇文章的引入性章节，由此引出研究对象和问题，使读者能够有整体的把握，览读更具目的性。

第2章

苗族民居的自然人文环境

黔东南苗族人聚居区地处国家级自然保护区雷山山麓，位于崇山峻岭之中，周围山形复杂，地势不平，垂直气候差异明显。地质特征利于高大的树木生长，山林植被覆盖率高。很长一段时间里，道路交通、物资信息相对封闭，与外界联系甚少，苗族的独具特色的聚落和民居也是因为这个原因能够很好、很完整地保留下来。由于相对封闭，受新文明新观念思想的冲击小，建筑空间在性质上无太大变化，只在量上有不断增长的态势。建筑与聚落表现出相对稳定性和原真性的特点。

地理环境和人类任何的发展阶段都是息息相关的。在远古时期，人类生活和生产是完全依托于地理环境的；随着科技和文化的发展，进入文明时期之后，人类主观能动性提高，各种活动对于地理环境的依赖慢慢地有所淡化，但是无论如何，人类的活动总会受到地理环境的制约。黔东南地区苗族的民居建筑和室内的环境设计都和当地整体的地理环境有紧密的联系，且适应了苗族人民的生产、生活方式。

2.1 黔东南苗族侗族自治州自然地理条件

人类社会和文化的一个重要组成部分就是地理环境，一个民族文化的形成离不开当地特殊的地理环境。历史文化的发展是受着地理环境的制约的，它们之间的差异既体现在物质生产的方式上，又反映在不同的区域文化特征上。

2.1.1 地形地貌特征

贵州素有“山国”之称，全省97%为山丘，地貌复杂多样，且海拔高低差别极大，山地、丘陵、河谷、盆地交错分布。俗话说：“八山一水一分田，一分道路和庄园”，还有“开门见山，出门爬山”等谚语，生动地概括了这一地域高山、坡地、岩坎纵横、田土面积有限的地貌环境。全省最高处是赫章、威宁与六盘水市交界处的韭菜坪，海拔达2900米。最低处则位于黎平县都柳江支流的水口河出省处，海拔仅137米。苗族民居聚落主要聚居在黔东南苗族侗族自治州境内的雷山县、镇远县、黄平县、施秉县等。雷山县境内的西江千户苗寨规模及建筑最为典型，西江千户苗寨是雷山县境内规模较大的传统苗寨，位于雷山县东北部的雷山山麓，距离雷山县县城约36公里，距离黔东南州府凯里约35公里，距离省会贵阳市约200公里（图2-1）。西江苗寨是全世界规模最大、人口最多的苗族聚居村寨，它是由一个一个的依山而建的自然苗族村寨不断地发展而连接到一起形成的。

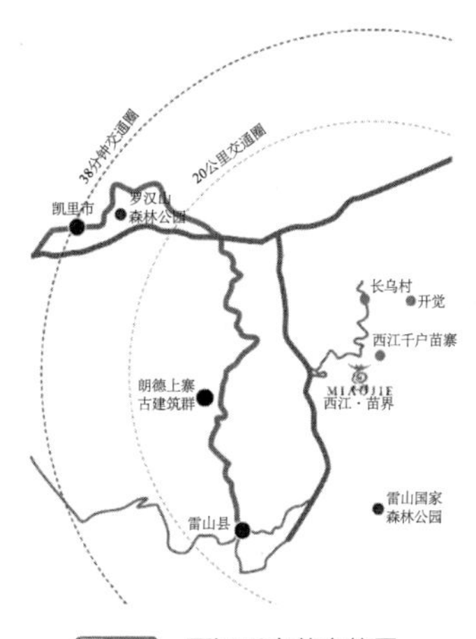

图2-1　西江千户苗寨位置
（图片来源：网络）

2.1.2 气候特征

所谓："山下桃花山上雪，山前山后两重天"，生动地描述了这一地区的复杂多变的特殊自然气候。黔东南属于典型的亚热带季风性湿润气候，四季分明，冬暖夏热，雨热同季，海拔高纬度低，垂直气候差异较明显，雨量大湿气重，年平均气温在15℃左右，是贵州省高温重湿的地方。最热的七月份平均气温为27℃以上，最冷的一月份在5℃以上。受东南季风影响雨量充沛，省内大部分地区年降水量在1200毫米左右，全年平均相对湿度为78%～84%。日照充足，昼夜温差比较大。但从总体上看，为开敞的建筑布局提供了气候条件。

2.1.3 地质与建筑材料

贵州地区的地壳运动相对来说比较激烈，因此境内多为山地并且山势高地势险，地下频繁的岩浆活动也使山中多出现岩溶现象，这种现象数量多、形态全，并且分布在省内的各个地方，构成了一种特殊的岩溶生态系统。贵州的高原喀斯特地貌举世罕见，如诗如画。"宜林之国"是人们给予黔东南地区的美称，因为黔东南地区的森林资源极为丰富，拥有发展林业的巨大优势。黔东南地区的森林自然生长率大于8.1%，远高于全国的森林自然生长率2.26%，属于林业丰产型的山区。其中的两千多种植物用途广泛，堪称祖国的绿色宝库。境内土壤主要为黄棕壤和黄壤，土壤深厚，植被覆盖率高，黄壤多为酸性，适宜油桐和松杉等植物生长。在雷公山、都柳江流域，树木之所以生长得比较高大，惠于该地的碎屑岩地质特征，正因为如此，杉树成为苗族地区人民的重要生活材料，人们在建筑上也多使用这种材料来建造吊脚楼和风雨桥等干栏建筑，并形成了一种特有的建筑文化，这也反映出当地少数民族对环境的适应能力和世世代代的传承。

2.2 苗族的历史沿革

中国的古人类发祥地很少，而贵州则正是其中一个，因此在贵州拥有很多远古人类的化石和遗存。两千多年前的春秋战国时期，这里就已经有了文字记载。考古学文献记载，有学者认为殷朝甲骨文《竹书纪年》中称为“鬼方”的地方为殷、周时期的贵州。

“世界上有两个灾难深重而又顽强不屈服的民族，他们就是中国的苗族和分散在世界各地的犹太族。”这是格迪斯先生在其著作《山地民族》中指出的。苗族在历史上经历过五次规模浩大的民族性迁徙。苗族民间口传文学作品《苗族古歌》之《跋山涉水》表明了苗族迁徙过程：“海边边—高山头—天坳口—高山颠—细石山—刀石冲—白云山—冰山头—三条江—稻花香河—方先”。研究表明，歌词里的“海边边”就是今天的江浙一带，他们的祖先可以追溯到蚩尤部落。根据现有的历史资料和当地口口相传的传说，苗族的祖先早在五千多年以前就居住在黄河中下游地区，其祖先是以蚩尤为首的“九黎”部落，但是在之后与黄帝的战争中落败而撤到长江中下游，形成了现在的“三苗部落”。《书经》的舜典中就有“三苗”的记载，内容就是记录了“九黎”和黄帝之间的这场战争以及战败后的动向。随后因为部落之中的各种原因渐渐地向西南迁徙，逐渐进入了西南山区和云贵高原。贵州苗族多聚族而居，由于各地的环境、文化、经济条件不同，也存在很多差异。雷公山地区是苗族从中原地区向西南迁徙的最大最集中的聚居区，也是苗家的圣山，是苗岭山脉的主峰，地处雷山县、剑河县、台江县、榕江县四县之间。

2.3 苗族宗教文化的形成与发展

人类文化的发展就是一个不断适应自然环境和社会环境的过程，在适应的过程中，首先应该是对大自然的适应。生活在不同环境中的人们，在适应自然环境的过程中逐渐建立起自身的文化体系、生活习俗和住居环境。

地域文化由于受到固有民族传统文化和所处社会环境及自然条件的双重约束，使生活模式和社会形态带有鲜明的地方特色，尤其是具有区域和民族特点的民族学，将成为地域文化的特质，并始终作用于建筑的内外形态中[①]。

① 罗德启．贵州居民［M］．北京：中国建筑工业出版社，2018:11.

2.3.1 苗族巫文化探究

巫鬼文化在苗族的历史可谓是历时长久，即便在今天还是依旧盛行，在苗族中巫鬼文化中的鬼神种类就有几十种。苗族的巫文化是巫术和鬼神崇拜的结合体，其中蕴含独特的民族信仰。如村民会把祭祀活动上使用的木质傩面挂在屋内（图2-2），用来装饰，并祈求保佑家族的平安。在巫鬼文化中，人们把能赐福于人的认为是善鬼，应当经常对其祭献；另外一种会带来灾祸的，被认为是恶鬼，应当对其祈解和驱逐。巫师作为人与鬼神的枢纽，在苗族地位崇高，深受苗民尊敬。

图2-2　苗族祭祀面具
（图片来源：网络）

苗族人从开始的单纯的信“巫鬼”，简单的祭拜自然，到后来对于自然的崇敬和信仰以及渐渐发展出来的“巫鬼”文化，这一发展过程经历了楚文化和当地历史文化的洗礼，再结合道家、哲学、理学等文化，又将老子和庄子的思想和风水玄学、阴阳学说中的内容兼容并蓄。它不仅仅是苗族自己的文化，也渐渐发展成了华夏的重要文化，成为构建华夏多元文化的一块重要基石。苗族文化因为结合了中西部的文化使得华夏民族中多姿多彩的文学艺术和宗教哲学，又添上了浓墨重彩的一笔，使中华文化的多样性更丰富了起来。

2.3.2 多神崇拜

苗族自古就有自己的信仰，巫文化便是十分具有代表性的苗族传统文化。在苗族历史的长期发展过程中，虽然由于交通闭塞、经济落后等原因，不同地区的苗族信仰不同，但归根结底，多数苗族人民的信仰仍是长期形成的本民族内部的原始的多神崇拜。苗族的多神崇拜主要包括：自然崇拜、图腾崇拜、祖先崇拜等。

自然崇拜，主要指将自然界中的事物神化、拟人化，赋予其特殊的身份象征，从而形成崇拜的对象。苗族人自然崇拜的对象包括：天、地、巨石、枫树、岩石、桥、太阳、月亮，等等。云南金平麻栗坡等地的苗族，每逢播种的农作物抽穗时，一定会祭拜“天公地母”，祈求丰收。一些地区的苗族认为自己的祖先是蝴蝶和枫树，他们亲切地称枫树为祖母树，称蝴蝶为蝴蝶妈妈（图2-3），以此来祈求庇护。

雷山县西江千户苗寨、朗德上寨也有水牛角图腾，水牛帮助村

图2-3 苗寨蝴蝶图腾广场

民耕地，牛在苗民心中是勤劳的代表，亦是美好生活的象征，体现出苗族人民的淳朴民风（图2-4）。牛角也会作为一种符号标志出现在民居建筑和生活中，在建筑的屋脊上苗族人会用牛角代替花纹，在有些地方牛角还会用在门头或者墙面上，牛角也可以作为家庭装饰。在生活中，如果有客人上门，苗族人会拿出牛角来盛酒表示对客人的欢迎，如果客人要离开，苗族女孩还会戴上银质的牛角状的帽子来送别客人。

祖先崇拜，直到今天，在苗族中还是普遍存在的。黔东南苗族有很多分支，其中一个分支认为其祖先是姜央，因而祭拜“央公”“央婆”。黔东南地区还有专门的节日“鼓藏节”，举办大规模的传统祭祀活动，杀牛祭祖以祈求祖先的庇佑。

每个民族对祖先都是尊敬崇拜的，苗族也不例外，在苗族祖先拥有非常崇高的地位，他们认为祖先并没有离他们而去，祖先的灵魂永远和苗族人在一起，保护苗族人，保护着他们的环境。因此每逢佳节苗族人都会供以美酒佳肴，必须待到掐食祭祖，他们才会开

图2-4　朗德上寨水牛雕塑

始动筷。每次过节都会有美酒，喝酒前会将酒先洒在地上表示对祖先的尊敬。苗居堂屋的后侧墙壁正中央的位置都会设有神龛（图2-5），方便每天祭拜。到今天还是有很多因此流传下来的节日，在当地都会定期或者不定期举办，例如“斗牛节”“鼓藏节”等。在苗族文化中，鼓代表着祖先。鼓的分类有很多种，从材料上分可分为土鼓、铜鼓和木鼓，在黔东南苗族的地区主要是用的铜鼓和木鼓。

图2-5 苗居堂屋

2.4 小结

本章从多个角度描述了现阶段苗族人民生活的环境，分别从地理因素、气候因素、自然条件等方面介绍了聚居地所处的自然生存环境。阐述了苗族人民从江浙一带不断经历战争迁徙到西南地区的过程，以及在迁徙过程中所孕育的苗族特有的民族文化信仰。此章节作为一个承上启下的章节，为后续的研究做了很好的铺垫，从这里可以延伸到苗族民居的室内设计文化，这是其室内设计观念的一个重要依托。

第3章

苗族民居建筑环境的概况

黔东南苗族的聚居区地处中南与西南地区相邻的大山里，交通闭塞，地形复杂，季风气候四季分明，雨水充沛，植被种类丰富且覆盖率高。多山、多雨、多湿的自然条件为苗族民居建筑提供了独特的外部生存环境。任何一种聚落和民居都有其独特的地方，承载着该民族的历史和传统家庭形态，苗族聚落和民居自然也有其与众不同的特点和建筑文化。

3.1 苗族民居寨落选址分布与布局形态

3.1.1 寨落选址分布

由于历史上不断战争迁徙的原因，先民的反斗争意识较强，他们多选择居住在高山区域，依山而建，择险而居，这是黔东南苗族聚落的显著特点。苗寨多聚族而居，自然环境较好的地方能够满足苗民所需的生产生活条件，既能满足安全防卫的要求，又能满足对耕地的需求。寨落选址与村民的生产特点和生活习性密切相关，苗族是以旱地耕作为主的民族，因此选址需适宜耕种。苗族对寨落选址十分重视。

苗族寨落选址原则：

1. 背靠大山，正面开阔，多选择山体的阳坡，在减少寒气的同时保证视野开阔，高能远望，后有依托，便于防守撤退（图3-1）；

图3-1 苗寨背山面水

2. 苗寨会选择水源较近的方位，面河或邻井，河流环抱围绕的地方最为适宜，便于生产生活的同时还能起到防卫作用，当然还要考虑避免山洪等自然灾害；

3. 有适宜耕种的土壤，满足寨中人口自给自足的粮食需求，植被茂盛区域还能够为苗族传统民居吊脚楼提供必需的建筑材料；

4. 有的苗寨选在山巅、垭口或者悬崖等危险之处，居高临下，易守难攻，这与其长期的发展历史息息相关。

西江千户苗寨（图3-2），依山傍水，背东北面西南。处在雷山山麓的一个断层谷地，寨子两面临山，两边的山之间形成了带状的山谷地区。山谷的西南侧是坡度陡峭的连贯山脉，该山脉也是西江的一道天然屏障。山谷的北侧由三座相对独立的山麓组成，山势与坡度相较于西侧减小很多。这种地理环境满足了后有依托

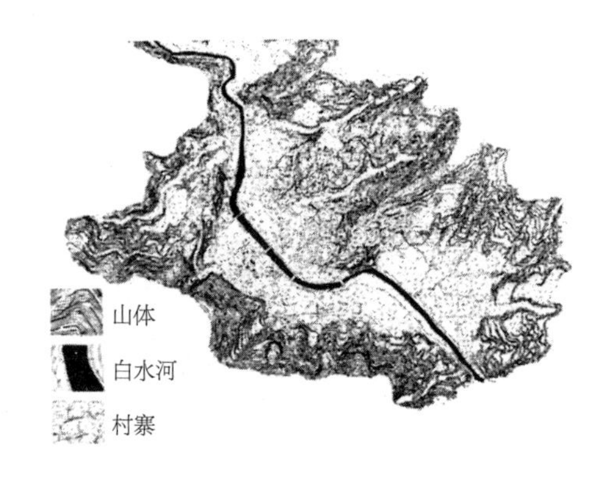

图3-2 西江千户苗寨
（图片来源：网络）

可远望，前有屏障可防卫的选址条件。三者之间形成两个小的山谷区域，改造成了梯田。发源于雷公山的白水河，自东南向西北贯穿整个山谷地带的寨子，形成环抱趋势，河流上游与东南侧河流冲积形成的平坦地带相连，地势和灌溉条件良好，因此成为整个苗寨最集中的稻田区域。河流与东西两侧山体之间都有一定的距离，且地势较平坦，故平坦区域成为聚落公共空间的重要组成部分。

3.1.2 寨落布局形态

苗族村寨的总体布局有一定的格局，一般都是寨脚有河，河上建桥，河畔有成群的水车、水碾。寨后有山，上有参天古木，郁郁葱葱。树林里有泉水沿山沟流向苗寨，村民用木、竹水槽将水引进农田灌溉。村尾修建“岩菩萨”（即土地庙）。

一般在苗族的建寨过程中，寨门和寨心占有非常重要的地位。

苗族寨落一般不设寨墙，邻近的寨子领域主要靠寨门起到提示和限定作用。苗族人心中寨门具有防灾辟邪、保寨平安的作用，同时还是迎送宾客的场所，如朗德上寨，迎宾是在此设拦路酒、唱拦路歌表示对宾客的欢迎。寨心的重要性不仅在于其在村寨中所处位置本身的优势，更重要的是它被世代相传的思想观念所赋予的象征意义。具有实际意义的村寨中心，大多为村民进行公共活动的空间场所。苗寨几乎都有铜鼓坪或芦笙场，铜鼓坪和芦笙场是对同一地点的两种名称，是大型的民俗活动场所，也是民族信仰在空间上的体现。

西江千户苗寨民居建筑的总体布局由山脚蔓延至山脊，顺势而上，舒展平缓，建筑高度都比较低，较好地保留了山体原本的形态，建筑与自然环境有机结合，建筑群体轮廓的走势充分体现了与自然环境的契合。

西江苗寨由八个自然村寨组成，由于地形地貌的原因，八个村寨并没有完全连成一片。如图所示（图3-3），最北侧的南贵寨位于白水河两岸狭小的山谷区，地形相对平坦独立；最西侧的也薅寨位于白水河西侧山体的半山腰，与寨子西入口连成一个整体的空间，西入口因其本身海拔较高、可眺望整个寨子而成为旅游观景平台，同时作为公共空间服务于旅游业的发展，具有较强的商业性质；最南侧的欧嘎寨位于白水河南侧的盘山公路两侧，相对独立；与欧嘎寨隔白水河相对的是地势平坦的平寨，平寨东北侧为西江镇的老街；与平寨隔着老街相对的是也通寨，也通寨位于东北山麓南端山脚处，由也通寨往上的半山腰上是东引寨，也通寨和东引寨在长期

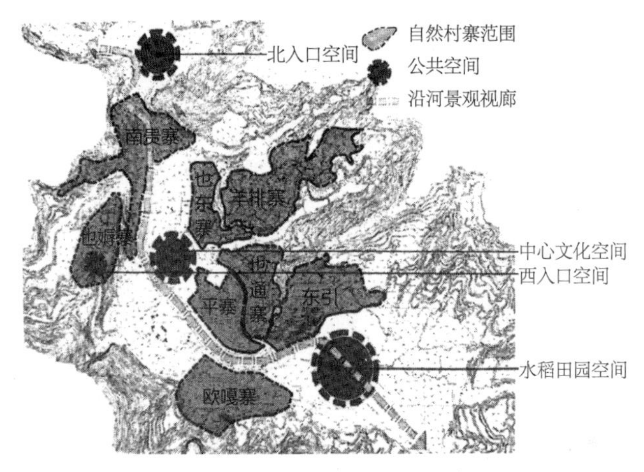

图3-3 西江千户苗寨自然村分布
（图片来源：网络）

发展的过程中逐渐连成一体，在行政区域划分上这两个寨子也统一为东引村；东引村北侧的也东寨和羊排寨分别位于山脚处和半山腰处，以半山腰的枫树林相隔，两个寨子在自然发展的过程中绕开枫树林，从其两侧完美结合，融为一体，中间的林子则成了整个区域的公共空间，在过去的行政划分上统一为羊排村。羊排村和东引村是西江最具代表的建筑群体，整体看形似一个水牛角，水牛角图腾是西江最具代表性的图腾之一。最东南端沿河的平坦区域是完整而开阔的稻田坝子，种植条件良好。几个寨子中心沿河的平坦区域是较大的中心公共空间，每个自然寨内部也都有自己的公共空间。西江千户苗寨在北侧专门开设了服务于旅游业的北入口，包含大型的停车场，方便游客出入。寨内的商业空间和商业建筑主要分布在沿河的一、二级主干道两侧，西江老街是主要代表。

3.2 苗族民居建筑环境表现特征

节奏紧密的自然村寨肌理和宽敞开阔的公共空间相结合，平坦的冲积坝子与纵向的山体寨落空间相冲击，疏密结合，层次丰富，自由且富有生机，形成我们所看到的独特的聚落空间整体布局。聚落的公共空间、入口、广场、稻田，传统的商业老街、沿河商业街、居住巷道，外部的保寨林、内部错落有致的民居建筑，三者以点、线、面三种形态有机构成了苗族民居建筑环境的整个空间体系。

3.2.1 点状空间——公共空间的民族性特色

从整体的聚落布局看，点状的空间可作为节点空间，相对孤立。从个体点状空间来看，它们都是集中服务于村民的公共空间。西江千户苗寨典型的点状空间为数不多，以广场和平坦的坝子等公共空间为主，这些空间承载村民的交往、集散和大型聚会活动，具有很强的民族性特色。

平坦的坝子多为其周围一定范围内的人群使用，除了提供生活交往的空间外，多为粮食晒台，形状比较自由。而广场除了进行日常的生活交往活动外，还是寨内重要民俗文化活动、节日活动的场所，因此修建精美，形状多为圆形。例如千户苗寨内博物馆南侧的铜鼓场，每逢传统节日或重要宾客来访时，村民都会在这里演出传统的踩鼓舞。大型活动，比如吃新节、苗年、鼓藏节等节日的开幕式和闭幕式也在这里举行（图3-4）。铜鼓在我国南方很多少数民族都是权力、地位和财富的象征，其发展自春秋战国以来经久不衰，且铜鼓的铸造和使用也日益精进，不绝于世。

贵州不仅有苗族，水族、瑶族、布依族等民族，也有崇拜铜鼓的民俗。贵州可以说是使用铜鼓的民族聚居地，相较于其他地区拥有较多流传于世的古老铜鼓。不论族群的兴衰，对铜鼓的信仰始终代代相传。也正因如此，苗族人每个家族中至少珍藏着一面以上的铜鼓，并遵循着亘古以来的习俗，与铜鼓生死相伴。铜鼓鼓面中心一般会有一个凸起的太阳纹，周围环绕一圈一圈的各式纹样，例如水波纹、植物花草纹、云纹和人、鸟、鱼、虫、兽等图案。有些铜鼓面的边沿还铸有牛、马、龟等多种立体纹饰，古朴典雅。与铜鼓相关的诗词、歌舞、民俗和相关的传说共同构成了贵州独具民族特色

图3-4 千户苗寨铜鼓场

的铜鼓文化。铜鼓场开阔宽敞，除了提供休憩聚会场所外，还可以作为晾晒谷物粮食的场地。铜鼓场用青石块或鹅卵石仿铜鼓鼓面呈同心圆放射状铺砌，图案纹饰与铜鼓鼓面意匠类似，形同一面巨大的铜鼓（图3-5）。一些铜鼓场中央立一牛角形小柱，“牛角”柱下面排着一面铜鼓，富有浓郁的地方民族色彩。每逢重要的节日，都会将铜鼓“请”出，悬挂在铜鼓场中心，祭祀后才能击鼓、歌舞。众多身穿五彩缤纷苗族服饰的苗族人，佩戴琳琅满目的银饰，吹起芦笙，打起铜鼓，手牵着手，围绕鼓柱转圈，踩着鼓点跳舞。在铜鼓场这个空间意义的巨大鼓面上，跳的传统民族舞蹈被称为“踩鼓舞”（图3-6）。“踩鼓舞”最早是一种祭祀性的古老舞步，节奏平稳、舒缓而庄重。“踩鼓舞”从前只能在阴历六月吃新节、十月过苗年以及盛大祭祖活动“鼓藏节”的时候才能跳，如今随着思想观

图3-5　朗德上寨铜鼓场

图3-6 苗族“踩鼓舞”

念的不断开放以及旅游业的发展，已不受此限。跳“踩鼓舞”的姑娘们还向客人敬酒，高亢的敬酒歌声与悠扬悦耳的铜鼓、芦笙汇成一曲浑厚的民族交响乐，使苗岭山寨别有一番趣味。

3.2.2 线状空间——街巷空间的自由性和合理性

苗寨中的线状空间主要是由水体及各种巷道的空间构成。寨中的白水河是整个寨子最主要的水体，水体脉络形似环抱状。

随着城市的发展，街道也在不断变迁，出现了不同格局、不同形态、不同功能的街道，道路的种类也逐渐增多，街和巷是在尺度上有所不同的道路。街通常指比较宽阔的道路，可以人车并行；巷一般指狭窄的道路，只能容纳2～3人并行，有的巷道甚至只能容纳1人行走。

白水河沿岸北侧街道和商业老街（图3-7）是苗寨的主要街道，道路宽度可容纳两辆车及行人并行，且临河路段景色优美。白水河南侧等高线较密集，坡度陡，山坡上视野较开阔，因此南侧建筑多为服务于旅游业的民居客栈。

西江苗寨的大部分道路都是狭窄的巷道，随着地形曲折多变。西江巷道主要有两种类型，一种是巷道的一边邻崖，另一边有垂直的立面（图3-8），多为建筑或者山体，这种形式多出现于寨落边缘；另一种是巷道两侧都是建筑（图3-9），这种情况在寨落中比较

图3-7　苗寨商业街

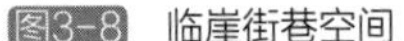

图3-8 临崖街巷空间

图3-9 两侧建筑街巷空间

常见。这种巷道围合感较强，一方面，在村民上山的过程中，山高路陡，多数路段围合感较强，能够给人安全感，使人内心摆脱不断向高处或行走在高山之上的恐慌感；另一方面，山地本身的特殊性使得村民邻里之间的交往空间较少，而围合感较强的巷道能够为村民提供休憩和交往的小型空间；此外，在过去这种围合感、领域感较强的巷道空间有很好的防御功能，对于上山来犯的外来人的防御似瓮中捉鳖。巷道作为连续的线状空间，给人的行走体验十分丰富。邻崖的巷道在行进过程中可以一览寨中美景，让人心胸开阔，鳞次栉比的灰色吊脚楼屋顶尽收眼底。两侧邻建筑的巷道，行走时，时而在转折处被建筑遮挡住视线，时而露出一边的建筑，勾起人的好奇心，有时甚至被两侧的建筑屋檐几乎遮挡住上方的天空，形成“一线天”的视觉体验，每一处都似一幅构成感极好的画面，这便是线状空间给人的美妙体验。线状空间穿插排列，形成了整个寨子自由的路网结构，这种大面积狭窄独特的路网结构和北方的村寨路网有很大的不同。

3.2.3 面状空间——苗族建筑文化代表之吊脚楼

寨子的面状空间主要是保寨林和成片的苗居建筑。

苗族传统的自然崇拜认为枫树是其根源，因此在寨落不断发展的过程中严格保留部分枫树林作为寨林，保佑平安。西江苗寨的保寨林（图3-10）主要位于东引村和羊排村的后山部分，以及羊排村

图3-10　苗寨保寨林

中部和东引村西侧的河谷四个部分。远观整个寨子，保寨林十分突出，作为整个聚落集中的景观绿化空间，在整片灰色的民居屋顶中起到了点缀作用。同时保寨林在特定时期也是西江青年男女对歌相亲的公共场所。保寨林一般在建寨之初就有，这种对自然空间适度保留的思想正是我们今天所提倡的生态理念，虽然苗民的枫树林有一定的封建意义存在，但其结果是值得我们今天提倡、借鉴的。

苗族人对待自然的态度是和谐共处模式，并不把自然看作要征服的对象，而是顺应自然，所有的建造活动尽可能就地取材，与周围景观环境相协调，同时适应地形地貌，重视对水体、植被的保护，尊重生态规律。

黔东南地区的木质结构建筑源于干栏式建筑，对山坡地貌较为适应（图3-11），在有限的土地上，最大限度地利用地形，争取可

图3-11 苗寨千户苗寨鸟瞰图

使用的较开阔、平整的空间，在基本上不改变山体原本坡度等自然环境的前提下，克服各种艰难的地理地质条件，特别是以抬高居住层面的方式，建立起既适应地势，又有安全性，并且可以维持生存和发展的生活居住空间的“吊脚楼”。苗族“吊脚楼”十分突出地体现出地理环境作用于建筑文化的结果。“吊脚楼”在通风、采光、占地等诸多方面都满足当地居民的生产生活需求，因此得以长期沿袭，历经千年不衰。

通过调研总结，黔东南苗族吊脚楼大致可以分为三种类型（表3-1）：

第一种，吊脚楼底部的原始坡面经过改造，形成平整开阔的基底，在此之上建造的吊脚楼呈完整的立方体，空间容量大且方便实用。这种类型对环境要求较高，完整开阔的土地在当地较少，同时需要改造的工程较大。

第二种，保留吊脚楼底部的原始坡面，直接建造房屋，这种方式对山体破坏最小，所需的人工改造也不多，但吊脚层的空间利用率不高，不利于圈养牲畜，只能作为干柴杂物的储藏空间。

第三种，也是使用最多的一种方式，属于前两者的混合，将原始坡度的局部进行平整改造，在尽可能保留山体原本坡度状态的前提下，通过改造加大吊脚层的使用空间，提高空间使用率的同时，也较为经济。与全吊脚楼相比，房屋更加牢固，面对水平风力，半边吊脚楼的抗倾覆能力较强。在重心侧向变形、结构的抗震等方面，半边吊脚楼的受力更具稳定性，更加安全可靠。

黔东南苗族吊脚楼三种类型 表3-1

	图示	特征
第一种		底面平整 人工改造大 空间容量大
第二种		自然斜坡 人工改造少 空间容量小
第三种		部分平整 人工改造适中 空间容量适中

苗民这种在历史的发展中不断与自然相适应的态度值得我们学习。将自然的坡体经过景观设计成为现代建筑的某一个界面起到优化空间使用效果的作用，这种对空间环境的处理方式对现代设计也有一定的启发。

3.3 小结

自然环境是民居建筑的土壤，特殊的自然、人文环境造就了独具特色的民居建筑。本章分析了黔东南苗族寨落的选址和分布状态，概括总结了苗族民居的建筑环境呈现出点、线、面的构成特征。建筑环境是室内环境的外部依托，两者之间存在普遍联系，相互融合，相辅相成。室内环境要素不可能脱离建筑环境独立存在，苗族民居室内环境也是如此。建筑环境中整体的、自然的构筑思想在室内环境中均有体现。

第4章

苗族民居室内环境的构成要素

4.1 苗族民居室内空间的格局

苗族民居吊脚楼功能分区十分明确，生活、起居、储藏、生产等空间有机结合，功能分区之间相互调剂，有很大的灵活性。尽管每一栋建筑因地形等原因在造型上不尽相同，但整体的布局结构是统一的，而每家每户在内部布局上又依照自身情况富有变化。

4.1.1 室内空间的纵向划分

吊脚楼纵向上一般分为三层，首层为吊脚层，用于圈养牲畜和家禽，或堆放柴草、农具和储存肥料、杂物等；二层为基本居住空间，是全家人的活动中心；三层多为粮仓，少数人家也作为子女用房。

首层空间一般比较低矮，层高2米左右，进深一般不小于3米。内部有的不加隔断，有的以木板为隔断隔出不同的空间。外墙处理方式比较多样，多用芦席、木条栅栏等做围护，开敞透气。底层有独立的牲畜出口，内部有楼梯与二层相连。厕所一般设在底层的边角处，多为单蹲位茅厕。

二层为全家人主要的生活空间。苗族民居的层高较低，居住层一般高度为2.4米，有的甚至低至2米。苗居房间除堂屋外，尺度都比较小。堂屋因其地位神圣，在尺度上相较于其他房间尽可以放大，这一方面表达了堂屋作为精神中心的地位，另一方面也满足了社交活动的需要。堂屋开间一般在5米左右，有的苗居堂屋层高甚至超过3.5米。

三层主要作为储藏空间，存放粮食、杂物等，大户人家也用1～2间作儿女的卧室或者客房。阁楼层楼面多用特殊的拼接工艺，使得板与板之间缝隙很小，便于直接堆放谷物，既减少单位面积的负荷，又利于自然风干。粮储空间两面山墙多不封闭，有的四墙壁均半开敞或全开敞，整个阁楼十分注重空气的流通。阁楼层提高层高的话可作为第二居住层。除了用搬梯或板梯与居住层相通外，有的设置天桥与后坡相通，天桥供搬运粮食等使用。

4.1.2 室内空间的平面组合

吊脚楼平面空间组合方式的合理性主要体现在第二层，二层为基本居住空间，分别为堂屋、退堂、火塘间、卧室、厨房以及其他辅助功能房间，结构较简单，以堂屋为中心，以对称的样式呈放射状布局（图4-1）。

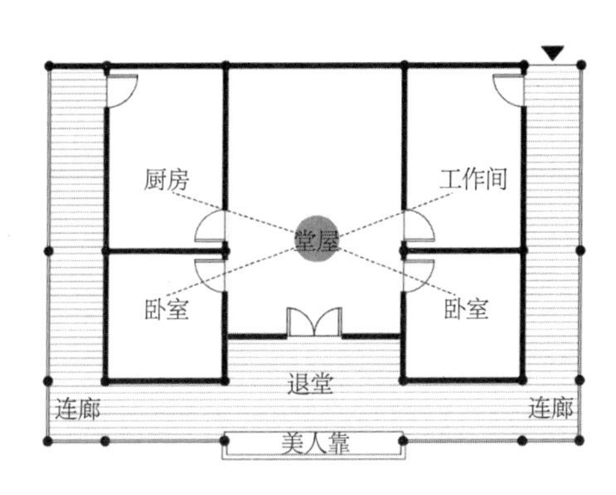

图4-1　苗居平面组合

4.2 苗族民居室内空间的布置

4.2.1 全屋中心之堂屋

堂屋位置居中，是全宅的中心，具有象征意义，是苗居最神圣的地方。堂屋正中后壁设有神龛，逢年过节和重要活动进行祭祀用。堂屋内主要的家具为长凳，是一张较宽的长条形矮桌，作为设宴的餐桌，做工考究。堂屋是苗家人的起居空间，也是对外社交活动的主要空间。

4.2.2 退堂

退堂（图4-2）是由堂屋退后一两步并与挑廊的一部分共同组成的半户外空间，是室内外的过渡空间。有的苗居还会在退堂前半部分加屋檐，防雨乘凉，屋檐下挂有辣椒、玉米等农作物，对建筑也是一种装饰。苗居利用退堂、挑廊等空间设置将室内空间扩大延伸，与室外紧密融合在一起。退堂为整个苗居采光最好的区

图4-2 退堂

域，也是很好的眺望观景平台。苗家姑娘常在此休憩、刺绣、对歌，有的苗居还在此放置织布机，退堂便成了苗族妇女的半室外生产空间；有的苗居还会在退堂两端的柱子上挂镜子，使退堂成为女子的开放梳妆台。

4.2.3 卧室

苗居的卧室一般不大，在堂屋的两侧，内设床榻和少量家具。多在整个建筑的前部，朝向较好，光照充足。卧室常采用一种横向板扇棱窗，苗族妇女多在卧室内当窗缝补织绣。在西江苗寨，二层堂屋两侧靠外部的房间和楼上房间安排子女居住，靠里的房间老人居住，每个房间有一张木床和衣柜。有的家庭子女较多，会将阁楼的一部分划分为子女的卧房，在空间的布局上十分灵活。

4.2.4 火塘文化

传统的苗居中，火塘一般在楼面上开洞或在地面上掘坑，深约半尺，四周拦有边石。火塘在苗居中具有重要的意义和地位，出于防火考虑，多位于以山体为基层的后半部分。火塘间面积出于保温考虑一般不大，约为10平方米左右。火塘上设铁制圆形三脚架，或以三石代之。火塘中的铁三脚架相当于灶台，不能用脚踩踏或跨越，也忌讳在上面烘烤草鞋之类的不净之物。火塘上方悬挂铁钩或铁架，用来熏制腊肉。火塘上部与屋顶空间相通，烟雾可从开敞的山面排出。同时火塘的烟熏可以杀虫和防腐，有“人烟”的房子不容易坏。在苗寨，谁家的房子熏得最黑，说明其年代最久，人气最旺。火塘与厨房联系紧密，二者或分居堂屋左右，或彼此紧邻，使用上较方便，也反映出厨房在居住演化中是从火塘分离出来的。火塘在民居发展中有共同的规律，反映了原始习俗的遗存。今天，火塘空间已经发生了很大的变化，在西江调研的过程中发现，出于消防安全的考虑（地板上的火塘容易失火），以及现代生活方式的转化，火塘多已改成金属制火炉或不再使用，只有少数传统苗居或废弃的老房子里，依稀可见火塘的身影（图4-3），火塘文化在一些苗寨也几乎消失。

图4-3 老房子里的火塘

4.2.5 圈储空间

在中国以农业为主要的生产方式的这种背景下，村镇居民在房屋空间的功能上和城市的住宅相比更加丰富。在村镇居民的生活房屋中，除了具有日常生活的居住、烹饪、洗漱等基本生活功能的房间外，还同时拥有为了服务于农业生产的各种功能的空间类型，比如服务于畜牧、养殖、储存、生活资料存储以及辅助农业生产劳动等功能的空间（图4-4）。由于各个地方在生活习惯、生态环境、信

图4-4　圈储空间

仰文化、社会习俗等方面各有不同，所以在不同的地方也会有不同的空间形式以及使用方式上的不同。西江的苗寨所常用的是将生产空间集中在一个或者两个楼层上，一般这些楼层会设置在架空后的吊脚层或者生活起居上的阁楼层。最后，苗族人还经常会在建筑中可利用的剩余部分，利用一些简易的架构搭建一个平台，作为服务生产活动的场所。

西江的地形多以坡地为主，有些地方高低不平，无法正常地建造房屋，因此苗族人在建造房屋时一定会将地形考虑进来，吊脚楼的建筑形态是半架空或者全架空在山坡上。根据资料推测，在西江的远古时期，他们的先祖也应该是用架空起来的部分作为建筑使用的空间，经过不断地摸索和尝试，并且随着人们的需求越来越多，对于这部分空间的利用和改造变得更加成熟，慢慢形成了现在苗族人使用的模式。其实吊脚层最初是人们为了防止建筑受潮和受灾将建筑架起后遗留下来的一个独立空间，其空间功能非常受限，它不能被用作生活居住的空间，另外吊脚层是整个建筑最接近地面的一个部分，不宜人居住，因此吊脚层也只能作为一个具有储物功能的生产空间使用。

苗族人的生活环境中因为没有大块的平地来圈养家畜，因此他们会将牛羊鸡鸭等家畜圈养在吊脚层里。同时，吊脚层也经常充当杂物室使用，各种生产工具和生产资料也都会放在这里，比如建房用的木材木料和各类农用工具，在建造或者农务生产时就可以随时将工具取出，使用起来非常方便，所以吊脚层也可成为一种具有服务性质的空间。当然，根据不同的地形和环境，吊脚层也不完全相同，基本上可以分为两种形式，一种是全吊脚，另外一种就是半吊脚，人们会在自己的住所上选择适合自己的吊脚形式。

4.2.6 粮储空间

苗居吊脚楼顶层一般不用来居住，而是作为储藏空间，这是因为苗寨是储存性农业经济，储存空间用于储存各种生活所需的物资，一般多为粮食、米酒等（图4-5）。这种在功能区分在垂直方向的方式在黔东南的各个苗寨地区被广泛使用，渐渐成了当地传统的建筑模式。苗寨建筑的房基面都是由木板拼接来建造的，并且在木板拼接中苗族人使用了“公母槽”这种构造做法，使得在拼接处并没有上下通透的缝隙，再加上阁楼的通风条件比较好，因此谷物可以散放在阁楼处并且不容易受潮和产生霉变。

图4-5　粮储空间

苗族的建筑还有一个很有意思的特点，苗族人建造完自己的房屋后，它的室内空间使用性质并不是一成不变的，而是随着需求可以做出相应的改变，如果家庭的成员增多了，那么原先阁楼部分的楼层就可以转换成卧室，这就使单一的储藏空间变成了具有复合功能的房间。我们在探访苗寨民居时还发现，苗族人生活的房屋中阁楼的楼层基本上都没有达到饱和的状态，也就是说，他们随时都可以因为人口的变化而改变房屋的功能，这也符合建筑灵活应变、弹性发展的需要。

4.2.7 晒台

黔东南地区的山地居民，根据自己生活的习惯和在周围能轻易获得的材料创造了这个地区较为常见的建筑形式：晒台和禾晾。因为山地本身的地形限制，人们很难找到一大块平台来晾晒自己的生产作物，因此当地人就利用随处可见的树枝、木材、树皮等简单材料来搭建一个平台或者构架。这两种建筑形式作用相似，前者也就是晒台，一般用来晾晒谷物，农闲时可以用来放置一些杂物；后者禾晾则主要用来晾晒禾把，将禾把晾干用于收藏。但是由于禾晾的作用有些单一，极大地浪费了本就稀有的土地资源，因此西江的苗寨已经不再使用和建造禾晾，但晒台目前还在频繁地被使用。

4.3 苗族民居室内设计的细部装饰与家具

4.3.1 美人靠

美人靠是苗族民居建筑（图4-6）最显著而独特的标志之一，深入研究美人靠对更加全面地了解苗族民居建筑有重要意义。苗族民居中的美人靠（图4-7），不仅仅是建筑技术，更是生活艺术，是先辈们用辛勤和智慧谱写的凝固乐章，是历史，更是生活。美人靠一般位于堂屋外侧的悬空处或与廊道相连，形成一个虚空间。

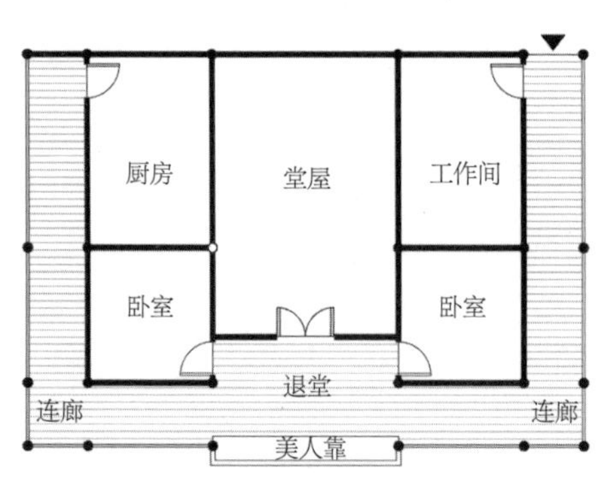

图4-6 郎德上寨杨大六故居二层平面图

图4-7 美人靠

一、美人靠的构造

苗族、侗族、土家族、瑶族、壮族等少数民族聚居地随处可见吊脚楼建筑，这些吊脚楼虽有许多的相似之处，但也各具特色。苗族吊脚楼的最大特点便是美人靠，苗语称为“斗阶息”。美人靠，又称“吴王靠”“飞来椅”，因为其向外探出的靠背类似鹅颈，又名“鹅颈椅”。美人靠主要由靠背栏杆、栏杆上端的长条木板、坐凳以及支撑坐凳的支撑板组成。靠背栏杆的构造很是考究，由几十根向外探出的形似弯月的弧形木条等距排列而成，栏杆高50厘米左右，长条靠背的上端固定一根较长的截面为长方形的横木，下端则固定在一个宽度为30～40厘米的长条木坐凳上，坐凳下由带有雕刻装饰的短柱或木板与楼板相连接，或连接在两端的立柱上，形成一个半开敞空间（图4-8）。

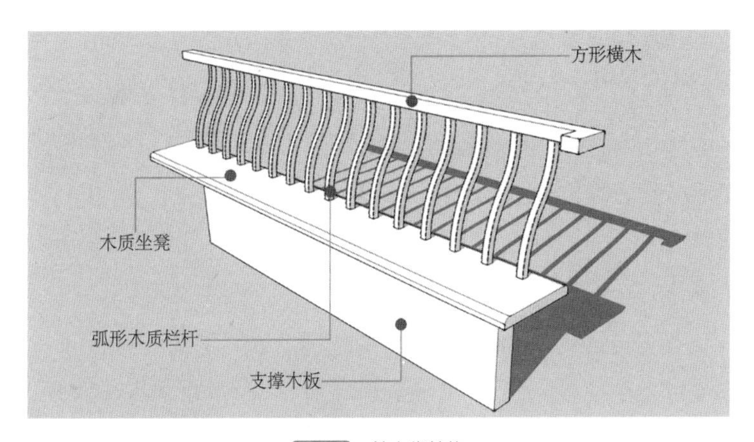

图4-8　美人靠结构

美人靠和堂屋之间的空间，刚好能够放下一架织布机。以前，每家每户女织男耕，这里便成为苗家不可或缺的一个做家务的空间。苗族姑娘在此纺纱织布、飞针走线、刺绣挑花，制作传统苗家服饰，或为自己准备嫁衣。美人靠可以说是苗族民族服饰的“生产作坊”的一部分，苗族服饰的丰富多彩也有美人靠的一份功劳。美人靠上方的房檐下，常常挂有鸟笼、农具、玉米、辣椒等农家常见之物，因此也可称之为苗族居民的开放式仓库。

二、美人靠的文化价值

美人靠的艺术价值首先体现在其自身的形式美感，数十根向外探出的形似弯月的弧形木条栏杆，等距离排列，与其上端的挑空构成强烈的疏密对比。其次体现在所构造的空间美感，美人靠是室内到户外的过渡区域，这种半室外空间使室内空间扩大延伸，与室外环境互相融合渗透，丰富了室内景观的同时获得了多变且不拘一格的空间格局。美人靠这种半室外的空间非常便于通风和采光，冬天则阳光温暖，夏天则通风凉爽。当然，美人靠更重要的价值在于其所代表的苗族民居吊脚楼建筑是苗族先人们的智慧结晶，所象征的苗族人民热情开放的民风更是少数民族精神的瑰宝。

三、苗居美人靠与江南美人靠的异同

俗话说：“美人靠上靠美人，不是美人也三分俏。”苗居美人靠，不仅可观赏景致，其本身就是一道美丽的风景。说起美人靠，还很容易让人们想起江苏、安徽、浙江等地的传统民居，因为美人靠也是江浙一带徽派建筑的典型特征。

1. 相同之处

苗居美人靠与江南（江浙沿海一带）美人靠虽山隔水远，但是在其本身的艺术形式和使用功能上却有异曲同工之妙。两者的基本构造、形式及特点大体一致，所服务的对象也相同。

2. 不同之处

苗居美人靠与江南（江浙沿海一带）美人靠虽是同样的景致，但却有截然不同的韵味。两者所处的社会环境、文化背景、民族习俗不同，造成同样是美人靠，却设置在建筑的不同位置，使用的工艺不同，也起着不一样的作用。

江南一带，以徽州古民居为代表，往往在天井的周围安装美人靠，大半放置在周边垒砌封火墙的走马转角楼内，并且靠背封闭，全部是密密层层的木雕花窗。这些采光不好的窗户雕镂，作用大约类似于今天的磨砂玻璃或者纱帘，是用来遮挡姑娘脸面的，来往宾客从下向上看，只能望见花窗却看不到人脸。古代汉族的闺中女子受封建思想束缚，“大门不出，二门不迈”，轻易不下楼或出门，抛头露面更是不被允许的，所以她们的活动场地和精神世界都极其有限。她们想要观望楼下的情况，窥视迎来送往的宾客应酬，或想要遥望天井外面的世界时，不得不借助那些密密匝匝的木雕花窗。她们可以看见来往客人，客人却看不到她们，寂寞无聊时她们也只好倚靠在天井周围的美人靠上，妆楼瞭望，凭栏寄意。因此江南的美人靠，更多了一份无奈和哀愁。美人靠也广泛地应用在江南园林建筑中，它们普遍设置在回廊或亭阁围槛的临水一侧，除了供人们休息以外，更兼得凌波倒影之趣。

苗居美人靠安设在吊脚楼二层堂屋的外廊上，便于家人在此休憩和远眺。开敞的美人靠成为苗族姑娘们展示风姿的地方。苗族是个非常开放的民族，崇尚恋爱自主，婚姻自由，因此苗家的民居建筑不封闭，便于年轻男女交往。这种习俗体现在建筑上，便是美人靠一定安设在醒目之处。苗居美人靠两侧的檐柱上，通常挂有镜子，插有梳子，实际上这里也是苗族女子的开敞式梳妆台。美人靠的下方是过道，每当行过路人，不论相识与否，美人靠上的苗家人都会打个招呼，碰到陌生人还分外热情，这是苗家的习俗。走进苗乡山寨，经常可见美人靠上坐着三三两两盛装的苗族少女，梳着独特的民族发髻，头戴耀眼的民族银饰，坐在宽敞明亮的美人靠上做针线活，形成一道苗乡特有的景致。

四、苗居美人靠的现状和发展

1. 美人靠的现状

苗族民居吊脚楼上的美人靠，是看得见摸得着的物质文化遗产，其独特而丰富的民族文化内涵又是十分宝贵的非物质文化遗产，理应加倍珍惜，重点保护并体现其价值，使其成为苗乡建筑的重要标志乃至“民族文化名片”。然而，随着社会经济的进步、城市化进程的加快、网络信息的快速传播、旅游行业的蓬勃发展，苗乡无论是生活方式还是民族习俗，都受到外来文化的冲击，在传统民居的美人靠上也深有体现。村民通过电视、网络以及外出打工、学习，对苗寨之外的世界有了进一步的了解，看到城市里人们大多把阳台封起来遮挡风雨以减少室内灰尘，于是效仿用铝合金玻璃窗将自家吊脚楼上的美人靠结结实实地“罩”起来（图4-9）。在笔者调研的雷山县的几个苗寨中，举目皆是用铝合金玻璃窗封住美人靠的苗族吊脚楼民居（图4-10）。被封起来的美人靠与普通窗户再无差异，完全丧失了民族性，不再是苗居建筑最显著的特点，更无法

图4-9　美人靠现状

图4-10　美人靠结构

体现苗族热情开放的民风。这样的做法消除了城乡差异和民族特色，实在使人心忧。

2. 美人靠的发展

苗居美人靠所面临的现状，正是众多少数民族文化在现代化发展进程中所出现的问题的一个缩影。笔者认为在经济开发的同时做好苗族传统文化的保护工作主要分为两部分：首先，苗族人要增强民族文化的自觉意识和危机意识，充分了解保护与传承民族文化遗产的紧迫性和重要性，爱惜、尊重祖辈留下来的宝贵的精神财富。其次，美人靠的更新和发展应在尊重民族特色的前提下，这点主要体现在材料和形式上。黔东南森林资源丰富，苗族民居建筑因当地盛产杉木，所以主要建筑材料为木材，应避免在美人靠上使用铝合金、塑钢等与苗居不协调的建材，同时在形式上要尊重传统民居的形式，应避免照搬、照抄城市建筑，从而失去民族特色。

美人靠作为苗族民居的标志性要素之一，所体现的是苗族同胞的生活态度、社会习俗和民族传统文化。笔者通过实地走访和调研，深入研究黔东南苗居美人靠的构造及其所代表的文化底蕴，分析其所面临的问题和困境。笔者认为，应该对苗居中美人靠的价值给以足够的重视，合理地更新、保护和发展，使其既能适应现代的生活，又能保留其民族和地域的特性。

4.3.2 牛角连楹

苗族民居的装饰特点充分展示了其丰富的文化内涵，苗居中的

图4-11　牛角连楹

连楹（图4-11）和门斗刻意装饰成牛角的形式，体现了苗族自然崇拜中对牛的钟爱和崇拜。苗民认为水牛的威力很大，老虎也不是它的对手，有牛守门可以保家宅平安，因此苗居二楼生活层的大门上通常是牛角形的木质连楹。苗居内牛角连楹的地位和作用类似于汉族民居的门神年画。

4.3.3 封檐桥和家祭桥

在雷山地区的苗寨，包括西江苗寨在内，桥是非常重要的建筑元素，和吊脚楼紧密相连，西江的苗民认为芦笙场、安寨树和家祭桥是保护苗寨的三件宝。这也和当地的自然环境息息相关，可以说桥对于整个贵州都非常重要。在过去，经济匮乏，交通不便利，面对复杂起伏的地形，桥是沟通河两岸村民的重要交通工具，苗民通过桥与外界取得联系。久而久之，桥对于西江苗民来说便成了心中非常重要的通道，被赋予特殊而重要的意义。在西江有两种桥，第一种就是实际意义上的桥，即架在河、沟之上供人们通行的修筑精美的风雨桥；第二种便是在家门口或室内设置的没有实际使用意义的桥，如家祭桥和封檐桥。桥在苗族人心中有非常重要的地位。

苗民认为其先祖曾居住在滨水的江浙一带，房子建于水上，需要通过桥才能进入。后来由于战乱等历史原因，苗族不断迁徙到如今的苗岭黔东南地区，为了延续从前的居住习俗，将拱形桥的形式刻在吊脚楼的封檐板上即"封檐桥"，苗民认为"封檐桥"既可以消灾避邪，又可以趋吉纳祥。

在雷山地区的西江苗寨，苗民认为桥是迎接子孙的通道，几乎家家户户不论有没有孩子都会架一座家祭桥。有孩子的苗家认为桥会为孩子带来健康和平安，没孩子的苗家则认为桥是孩子到来的通道，以此来求子求福。西江的家祭桥没有统一的大小规定，有的甚至只有手掌大小。家祭桥都是有主人的，主人负责桥的搭建和维护，自家架的桥只能自家祭祀，不能让别人或其他家族的人来祭祀。家祭桥的用材比较讲究，一般由杉木加工而成，采取单数，如三块石料或三块木料等。常见的规格由一块石板和三根杉木板组成，木板的排列十分讲究，根部和根部排在一起，木板头部的朝向则由巫师指定。架桥的日子也是由巫师选取，经过巫师念咒语、烧香祭拜后桥才真正属于架桥的家庭。农历二月初二是西江的传统节日"祭桥节"，苗民在这个节日祭祀家里的桥。

4.3.4 门窗形制

苗居门框一般下窄上宽，形似一个倒梯形。苗民认为，这种形制有利于柴火进屋，即“财”进屋。堂屋前的门槛设置较高，一般高约40～45厘米，有的甚至高达80厘米。在苗族，门槛高象征家中的财富多，还可避免家中的财富外溢。吊脚楼的大门是两扇木质门，每扇门高约2米，宽度依据房屋的尺度，有的苗居挨着木门要装牛角门，门楣上一般安有两个雕花木方柁，寓意迎财气、进屋吉祥，门两侧则为雕花窗。屋角的吊柱垂瓜形式各异，雕刻手法简洁大方，常做齿轮图案。

吊脚楼的窗较多，普通的民居最多有12个窗口，前后安的门窗既为采光又为装饰，堂屋作为整栋建筑里最宽敞的开间，窗户一般高80厘米，宽70厘米。传统的吊脚楼会将窗户做成几何形、“寿”字形等图案，随着现代建材的使用，为了更方便地安装玻璃、铝合金窗框，吊脚楼的窗户逐渐变成单一的方形，失去了特色，同时铝合金等材料也破坏了传统民居木楼的风貌。

4.3.5 室内用具的样式（传统小吃的制作工具）

黔东南苗居室内陈设家具十分简单朴素，除了富有象征意义的装饰和构件外，几乎很少有构造讲究的家具，这与苗族人民追求自然的生活态度和民族历史有关，他们不喜繁杂的装饰，只对内心的信仰无比崇敬。在笔者走访的苗居中发现，苗居室内除了必备的美人靠之外，很难再找到典型的代表。但在厨房用具上，却发现惊人的相似，几乎每家每户都有当地传统小吃——糍粑的制作工具。糍粑是我国南方地区的特色小吃，是将糯米煮熟后捣烂制成的食物，各地的制作流程和方式不尽相同。黔东南苗族比较注重糍粑的工艺和内涵，接待客人或者祭祀都需要糍粑，糍粑的制作是黔东南苗家人必须掌握的一项技能，因此苗居厨房都有制作糍粑的传统用具。

在苗家制作糍粑，需要把煮熟的糯米放到木制的盆里，用木质的大锤子捣烂成糊状（图4-12），经过手工加工制成小吃，“打糍粑”也是苗家传统的习俗。做好的糍粑可以裹着白糖吃，软糯之中带着丝丝甜味，韧性十足，深受苗家人喜爱。制作糍粑的木盆形状类似一个狭长的操场，两端为圆弧形状的长方形，一般家用的木盆

图4-12 传统小吃制作雕塑

整体外壁长约100厘米，宽50厘米左右，深30厘米左右。木盆内侧的凹槽长约70厘米，宽约40厘米，深约20厘米，可容纳两个人同时在两端使用锤子操作敲打（图4-13）。苗寨内还有制作糍粑这一步骤的铜雕塑，可见苗家人对于这一传统美食的重视，也正因如此，家家户户都有这一用具，十分具有民族特色。各个民族有自己的生活习惯、饮食结构，各具特色，不同的民族美食也造就了不同的用具，这体现出传统文化的博大精深，也体现出各民族劳动人民的智慧。

图4-13　木盆

4.4 苗族民居的装饰艺术

苗族民居建筑是苗族传统文化的重要载体，民居建筑及内部的装饰艺术是苗族信仰、风俗、历史文化、建造技艺的统一。苗族传统民居“吊脚楼”，无论整体还是其内部的每一个建筑构件，都可以作为一个单独的装饰对象，建筑不用一钉一铆，全用木尖榫眼架牢。对于现代设计来说，苗族建筑的装饰艺术不仅仅是可以传承和发扬的文脉传统，更重要的是它是我们中华民族艺术文明发展的重要组成部分。

4.4.1 苗族民居装饰艺术及其吉祥概念

艺术本身是开放的，不断发展的，会随着新时代背景、技术和意识观念的变化而拓展更新，各个民族装饰艺术的内涵与精神文化是民族历史长期积淀所形成的。每个阶段的历史与文化都会和建筑产生关联并与之结合留下历史印迹，这些历史印迹正如我们所看到的，不仅仅体现在建筑构造中，其文化内涵更凝聚在建筑的装饰艺术中。文化和艺术的积累、建筑与功能的体现，才是苗族装饰艺术中最精华的部分。

苗族人民通过材料、纹样、色彩等元素的巧妙搭配，将整个建筑演绎得丰富多彩，体现出独特的装饰艺术。苗族的建筑装饰艺术包含了大众艺术的精髓，体现的是一种人们喜闻乐见的、普遍的民族文化现象。在这种文化中，人们会逐渐形成对这种文化特有的价值观，从而体现出这个民族的信念和意识。装饰的特点在于它可以使一种建筑的风格和主题以及建造者的价值观通过物品所蕴含的文化内涵，再用美的形式表现出来，从而达到聚集人们目光的目的，就是这种传达才能让人们感受到其中独特的魅力以及深远的文化含义。建筑装饰所用的材料很多都是石头与钢铁，但它缺少自己的温度，这个热量来自于它所体现和包含的文化信息，可以说每一个建筑装饰都有属于自己的文化灵魂，人们通过观察和阅读建筑装饰的文化信息就可以了解和感受这种文化信息。

在中国的文化星河中，有一颗就是苗族装饰艺术的吉祥观念。“吉祥”的含义在各个民族中体现出的寓意其实不尽相同，而苗族中的吉祥观念与其他大部分民族的观念不同点主要体现在他们对“升官发财”这一类的含义并没有很高的追求。让苗族人民产生这种观念的原因主要是他们信仰“万物之灵”。所谓“万物之灵”，意思就是苗族人觉得人与自然应该和谐相处，不应该干涉自然的发展规律，因此苗族人的吉祥观念主要由动物和植物来体现，其中动物基本上用凤凰、鸟类、牛、龙、蝴蝶、鱼虾等，植物则用梅花、竹子、桂花、菊花、石榴、桃子等，这些动植物的取材也主要来源苗族本地的神话传说和他们的图腾信仰（图4-14）。今天来看吉祥观念也是人们比较熟知的一种文化，很多时候很多地方也还会用到，这类文化虽然多种多样，但人们所想要表达的对生活的美好向往、对自己未来的无限追求的愿望都是一样的。

图4-14　图腾

4.4.2 民族纹样与色彩的应用

在民居建筑中，民族纹样和色彩对空间整体风格的展现十分重要。不同的地域和民族，其建筑装饰有不同的纹样和色彩，特定的纹样和色彩会给人强烈的民族冲击感和认同感，体现出深厚的文化内涵。苗居的装饰题材十分丰富，具有强烈的民族特色和独特的装饰效果。

一、纹样的装饰性

苗族先民十分擅长描绘自然事物的形象特征，通过艺术语言把自然界中动植物的形象高度概括为简洁的几何图案，通过抽象的艺术手法形成完美又独具特色的图案纹样。纹样在建筑装饰中起着十分重要的作用，苗族的建筑装饰具有强烈的民族特色和乡土气息，是真实与夸张的统一。这些纹样不仅体现在建筑上，还体现在苗族的传统服装（图4-15）、银饰（图4-16），以及苗民技艺高超的蜡染、刺绣（图4-17）技艺上。

图4-15 苗族服饰

苗族的装饰纹样题材广泛，包括动植物、民族信仰、神话传说、民间故事和对生活美好的祝

图4-16　苗族银饰

图4-17　苗族刺绣

愿等。工匠也将自己长期的经验和审美相结合，在造型上突破传统的对称手法，融入自己的思想感情，追求图案的协调统一，使整体的装饰图案极具象征性和文化性。所表现的意义或含蓄或直白，十分具有民族特色。写实与写意、具象与抽象相结合，使得苗族民居装饰的艺术形式充满幻想和创造力。

二、色彩的装饰性

色彩是诉说人情感的一种十分常用的语言，非常具有表现力和感染力，通过视觉感受可以让人产生一系列的心理、生理感应，给人的第一印象是装饰艺术中不能忽视的一部分。随着色彩学的不断发展，人们对色彩的认知不断深入，使得色彩在日常生活中处于举足轻重的位置，尤其在建筑装饰中起到十分重要的作用。色彩和谐是营造空间的关键。协调意味着色相、纯度、明度三者完美结合，同时又要避免空间在色彩统一、协调的情况下过于单调、沉闷。同时还要避免同一空间中使用过多颜色，尤其是纯度和明度较高的颜色会使人眼花缭乱，产生一种不安的心理情绪。因此协调色彩之间的关系非常重要。

苗族的装饰色彩经历了几千年的传承和延续，早已形成了自己独特而有内涵的审美体系。苗居的色彩搭配很好地体现了其独特的色彩体系。苗族民居建筑多以灰色为主，其内部装饰多以浓重鲜艳的色彩为主。苗居建筑主体取材来自山林，以木材为主，经过加工使用和风吹日晒，整体色调为浅褐色，屋顶为更深一度的灰色，与周围环境自然融合。室内多以各种纯度较低的灰色为主，通过少量色彩鲜艳的饰品进行装饰，起到点缀的作用，同时使整个空间氛围更加活跃。如苗居屋檐处常看到的玉米（图4-18）、辣椒（图4-19）和灯笼（图4-20），色彩鲜艳浓郁，在晾晒的同时起到重要的装饰作用。少数苗居还运用彩绘装饰，即在梁、柱上使用彩色涂料绘制花纹、图案乃至人物故事等。

图4-18 玉米装饰

图4-19 玉米辣椒装饰

图4-20 玉米灯笼装饰

总之，色彩是建筑装饰设计的点睛之处，色彩所带来的空间感、舒适度以及装饰效果都是其他装饰元素无法替代的，同时它给人心里的感受更加强烈。色彩装饰是充满感情且富有变化的，只有在设计实践中不断地积累经验，才能把色彩这一强大的元素完美地利用起来，让其在空间中发挥更大的作用，达到更加精彩、美妙的效果。

4.4.3 苗族民居装饰艺术在设计中的传承和发展

现代设计，从横向来看，无论任何风格都有其背后所支撑的精神和文化，并且反映了不同的审美价值和艺术价值；从纵向来看，任何时代的艺术和设计都是紧密相连的，是对传统的不断传承和发展。伴随着科技的进步、时代的多元化发展，传统的装饰元素理应在保留其内涵的前提下，不断融入时代的信息和外来的艺术精髓，发生着细微的变化，更好地融入现代生活中。

苗族民居的装饰艺术在现代设计中的传承主要体现在：

1. 与自然相融合，苗族民居装饰取材于大自然，其形式和元素往往来自于人们在自然中的所见所闻，简单朴素，符合现代人崇尚自然的生活态度，也是现代设计值得提倡和发展的设计方法和理念；

2. 整体统一，民居装饰在空间虚实和色彩搭配上整体统一，营造出完整、协调的空间环境，给人更加整体的视觉感受，这也符合现代设计的原则；

3. 以文化为支撑，以苗族传统文化为背景，装饰元素具有强烈的民族特色，体现着本民族的信仰、风俗等民族特性，丰富而有内涵。传统装饰具有强烈的渲染力，能够给人留下深刻印象。无论是传统还是现代设计，有强大的文化背景支撑，能够使设计不再孤立，同时增加设计的认同感。例如：把苗族吉祥纹样融入现代建筑、室内设计之中，使现代设计与民族文化相融合，不断拓展新时代苗族装饰艺术发展的道路；

4. 与科技相结合，积极利用现代技术手段，从材质、灯光、造型上达到更加完美的效果。

苗族传统装饰艺术的发展要与现代生产生活方式相结合，在传承和发扬本民族装饰艺术精髓的同时，不断吸收优秀的外来文化，与时俱进。苗族传统装饰艺术不论如何发展，它的内核始终不会改变，也就是“自然”。苗族人善于发现大自然赐予他们的无限美感，他们认为室内和室外的环境是可以融为一体的，人们生活在房子里也就是生活在自然里，因此将自然色彩引进室内变成了一件理所当然的事情。树木、草地、花草，甚至石头都可以变成点缀室内的一种材料。也正因为如此，在家里也能感受到自然界给予的舒适和轻松，人们才会和自然更加相得益彰。当然苗族人不仅会将自然界中丰富的材料引入室内，也会利用通透结构和挑出建筑构件来和自然进行更亲密的接触，对此苗族人在生活中对于自然环境的喜爱和保护可见一斑。

如今，现代的设计师在设计中也经常从植物和动物的色彩要素中取材，利用现代的新技术和材料模拟自然物来使室内增添自然环境的氛围。在建筑内部环境中加入自然元素和色彩，通过人与自然的进一步结合，让人们可以在室内体验到回归自然的感觉。苗族的传统装饰艺术也应该如此，要将新时代新技术的发展与自己的文化内涵和文化精髓相结合，在发扬和传承自己文化的同时，吸收外来的文化，取其精华融入自身，与时俱进，不断地发展自己。

4.5 苗族民居的材料选取与营造

4.5.1 苗族吊脚楼的选材

黔东南自然森林资源丰富，利于高大树木生长，苗居就地取材，吊脚楼绝大部分用材为当地的木材。吊脚楼用材以杉木为最佳，其树干的垂直性和木质都很好，经久耐用，力学性能良好，制作的苗居建筑使用寿命可超过百年，其次为松木、枫木、栎木、樟木等。杉树是黔东南生长最快、资源最丰富的树种。尤其是水杉，结构均匀，纹理通直，质地坚硬细密，用于建房可以不加任何修饰。自古以来，苗民便有山必栽种杉树的习惯，民间还有“家有十亩杉，不愁吃和穿”之说。

其次，各种木材有其自身独特的属性，加之苗族传统的精神信仰，每种木材适宜的用途不同。苗族有一首《上梁词》唱道：“一点楠木做中柱，二点圆柱是枫香，三点柏杨做排扇，四点杉木做挂方。”苗语里“圆柱”意为“母柱”。《苗族古歌》中唱道：“要是妈妈屋，要是妈妈房，枫木做中柱，梓木做屋梁，屋顶盖灰瓦，檐下吊脚梁。”这些都反映了历史上苗族利用不同木材建房的情形。苗居的中柱有非常吉祥神圣的寓意，常用枫树制作，苗民称枫树为“祖母树”，也体现了对枫树的自然崇拜。除中柱外，苗居营造过程中都尽可能少地使用大木材、长木材，这也体现了苗民对生态环境的保护。因房屋多逐层悬挑，檐柱也可分段用短料。有时为了节省建筑材料，也会将中柱按层分段拼接而成，所以苗居的用料比较节约、精准。同时杉树皮也是一种建筑材料，其防水性能良好，以前常大量用作屋面。茅草用于屋顶铺盖，三四年更换一次，比稻草更加耐用。芦苇编织的芦席可用作隔断和围护。吊脚楼底层围护要求不高，用材多样，较为粗糙简单。

4.5.2 苗族吊脚楼的营造

苗族人认为人生有两件大事，一是建房，二是娶妻。建新房对苗民来说十分重要，程序考究。下面是苗族吊脚楼的营造过程：

一、建造前的准备

苗居的主要用材为木材，西江苗寨的建房木料一般要向林业部门申请获批后，在自家的林地砍伐，如自家没有杉林，则在村内向其他村民购买。整根的长杉木要500元左右，除了需要用整木的框架外，整栋建筑建造完成所需的木料大概要3万元，因此建房要先筹备好资金。伐木的时间一般为6～8月份农闲的时间，此时杉木水分多，树皮易剥，且充足的阳光利于晾干木料。其次是选址，方位向阳、顺坡、对着山坳的位置最好，经济条件好的家庭会选择位置好且面积大的地方，普通家庭往往会在自家的空地建房。也有家庭将自家的旧宅拆掉，建造新房。苗家建房一般采取自建众助的形式，请有名望、手艺好、多子、多福的工匠担任掌墨师傅，他们认为这样的师傅所建造的房屋可以使居住者兴旺发财。

二、处理地基

苗居吊脚楼因地制宜，利用天然地形中平整坚实的坡崖面为主要地基面，避开冲沟滑坡，其余部分灵活利用吊脚柱。有的因山坡坡度大，需要用石头砌筑台面，一般采用山石或者河石砌筑，用泥土和碎砂石铺平缝隙。

三、制作木构件

传统的一栋三层三开间的吊脚楼，需要准备24根木柱、50根左右的枕木、39根檩条、28根梁枋、135根椽子等。主柱落地的柱脚要用圆形或者方形的石础支垫。木柱除中柱略粗外，其他的直径一般在20厘米左右，檩条直径为12厘米左右，楼板厚度为2.5厘米左右。

四、立屋架和上瓦

木构架制作完成后，房主邀请村里的年轻人帮忙，用穿枋将木柱穿成一排，每五根为一排，一排又叫作一榀。将每排柱子从一端至另一端依次立起的过程叫立屋架，整个过程需要三五十人齐心合力。立好屋架后，苗民会依照“向心法”将房屋周围的檐柱和山柱的柱头均向内倾斜5° 左右，用绳索捆扎，使节点更加牢固。屋架立好后要上梁，中间的梁最后上。架好梁后，根据吊脚楼开间的长度，安装檩条，每根檩条长4米左右，直径14厘米左右。接下来将椽子按瓦片的尺寸钉在檩条上，每条椽子宽5厘米左右，厚3厘米左右。椽子上好后要抓紧时间盖瓦和杉树皮，以防屋架淋雨导致木材腐烂。一栋三开间的吊脚楼要用一万多块青瓦，先铺屋檐两侧，最后铺屋脊。房屋的檐口处用椽子钉紧防止瓦片掉落。屋脊盖瓦十分讲究，屋脊正中央用瓦片堆成元宝形（图4-21），分散力，檐角处向上翘起抬升（图4-22），寓意腾飞。

五、安装楼板和墙壁

一般在房屋的瓦顶盖好后安装楼板和墙壁。先装堂屋的墙壁，

图4-21 瓦片堆成的元宝形

图4-22 檐角（翘起）

然后装地板，再装二层的外墙，接着装三层的楼板和外墙，最后装底层的外墙。装楼板时，将木板两面推平，两边留槽口，企口嵌缝铺装，木板相互衔接，定在斗枋和枕木上。装墙壁板要先安装枋子，构成方形框，在框内填装木板。

六、装饰和维护

苗居建筑简单朴素，只在重点部分做装饰。苗居的主材为木材，因此很少采用漆饰，为防木材腐烂，先用清水清理楼板和壁板，擦干后多用不加工的生桐油涂刷建筑前后墙壁、堂屋楼板、两侧墙壁和美人靠，以达到光亮好看和保护墙壁的作用。

苗族建房和汉族习俗有相同处也有不同处。比如苗族吊脚楼对中柱的尺寸有一定要求：最高一丈九尺八寸，最低一丈五尺八寸，总之，尾数是“八”，“八”也是汉族的吉祥数字。如果建造四开间的房屋，则会通过内部地面高低的不同，中间地面高出两侧10厘米左右的做法去破除“四”这个数字带来的不吉祥。这种在数字层面的趋吉避害与汉族文化相近。不同处在于：吊脚楼必须有中柱，柱头数量为单数，而汉族建筑多不设中柱。苗族习俗认为，右边地位高于左边。在过去的封建社会等级森严，汉族建筑的尺度和形制受到屋主的身份、地位、家族等限制条件颇多。从皇帝到平民百姓，在建筑体量、形制上有严格的规定。而苗族由于封闭的自然社会环境和独特的民族文化和信仰，使得苗族民居吊脚楼在这方面并未受到政治等级等相关因素的影响。

4.5.3 苗族吊脚楼的营造特征

苗族民居的营造特征源于其自身所处自然、社会、历史环境的特殊性。总体来看，苗族吊脚楼的营造特征有以下几点：

一、经济环保

苗族吊脚楼采用穿斗结构，充分利用当地的木材及其特性，用小材料盖大房子，大大降低了房屋的建造成本。房屋的穿斗结构将承重集中在主要的木柱上，柱基设垫柱石。半边吊脚楼对于基面的要求不高，略加平整又减少了工程量，同时还节约耕地，比吊脚楼节约木料，这都体现出其造价经济实惠。而且吊脚楼的建造工期短，木构件可预制，建造时再进行组装即可。房架和屋顶建成后，楼板、墙壁可分期建造，这种灵活的建造工期也十分经济，适用于各种经济状况的家庭。同时筑房用的木材和石材就地取材，全部来自大自然，只经过简单的形体加工，非常环保。

二、经久耐用

苗居常见的半边吊脚楼采用穿斗结构，稳定性强，一部分梁枋和楼板直接落在坡体上，另一部分则通过吊脚柱镶嵌在岩体上，整体不等高的木构排架不容易产生共振，抗震性良好，对比全吊脚楼中心离地面更近，更加稳定。房架构造上以柱和瓜承檩，各层的穿枋在结构上有拉抻和承重的作用。

古代的工匠都有很高的技艺，当时的技术在现在看来都是匪夷所思的，很多技术也都失传了。苗族的工匠也不例外，他们经过长时间磨砺，用自身的经验加上很多自己的构想从而创造出了很多的技术。在今天看来，苗族人当时的技艺都运用了现今已经系统化的高级力学原理，并将这种原理和几何图形结合起来，使其在建筑中产生了巨大的作用。在柱、梁之间都是垂直相交的，构成了一个立体的相互垂直的结构体系，从而奠定了房屋的长方形的结构基础，再由此构建全屋的结构。屋顶则是用了最稳定的三角支撑的结构。再看横向，房屋大致由上、中、下三个长方体组合而成，这样的构建不仅在结构上非常稳定，在观感上也显得非常稳重。

三、因地制宜

吊脚楼是苗族人在长时间的摸索中，结合当地的土地资源和自然条件所采用的建筑形式。比如在取材上，很多时候苗族人就使用当地的杉树作为房屋的主要用料，而根据自然条件，杉木无疑是最好的选择。吊脚楼的起源是干栏式建筑，苗族人根据自己的生活所处的环境和河岸的地形进行了适应性改变，也看出了苗族人的发展性的眼光。

4.5.4 苗族民居和侗族民居的异同

苗族和侗族民居虽同为吊脚木楼，分布范围临近，但两者之间内在的差异很大，主要体现在以下几点：

一、平面布局

苗族民居平面以堂屋为中心，围绕堂屋呈放射状布局；侗族民居以宽廊——火塘间——寝卧空间呈轴线串联的方式布局，空间组合是前中后的纵向串联。不同的空间构成方式依照不同的使用性质，与民族信仰和习俗密不可分，体现出各民族在居住空间中的文化传承（图4-23）。

二、居住方式

苗族和侗族分布范围临近，但寨落选址区别很大，苗族多依山而建，择险而居；侗族多依山傍水，水流绕过村寨或穿寨而过，风雨桥横跨在水流之上，寨中鼓楼耸立（图4-24）。

苗族和侗族民居都是干栏式木楼，在纵向上都是三层，每层空间在使用方式上也基本相同，底层都为圈储空间，二层都是主要生

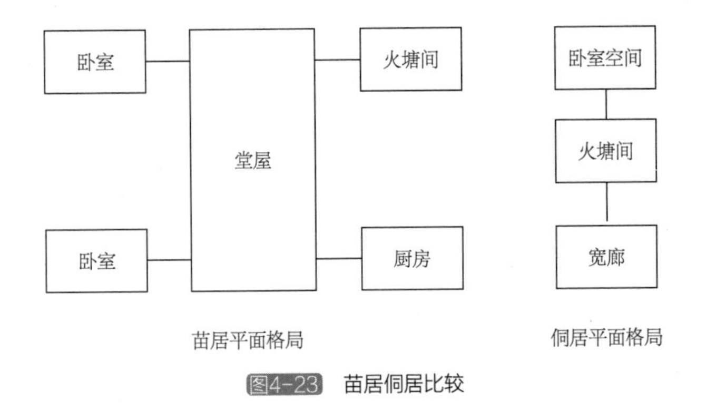

图4-23 苗居侗居比较

图4-24　侗寨
（图片来源：网络）

活空间，顶层都为粮储空间。但经过实地调研发现，苗族民居多为半边吊脚楼，房屋一部分用柱子架空，另一部分与地表相连搁置在坡地上，这种建造方式不受场地影响，适合陡坡、岩坎、峭壁等地形复杂地段的苗居，同时还能节约耕地，属于半干栏建筑形式。苗族传统习俗认为建房要“粘触土气、接地脉神龙”，只有这样建造的房屋才会人丁兴旺、子孙繁衍。苗族是把楼面与平整土地相连接的层面作为主要生活面层，生活面层并未全部架空。侗族民居则是架空整个底层，将居住层整体抬高，最大地适应起伏复杂的地形和炎热多雨的气候特点，同时对猛兽、蛇、虫还有一定的防御作用，在河岸低凹地带的建筑还可以防御河水涨高的侵袭。民居结构差异的本质还是在于两个民族数千年来的耕种背景，苗族是以旱地种植为背景的民族，侗族是以水稻种植为背景的民族，两个民族是不同族源的差异。由此也可以得出，不同民族的生活居住方式，不仅受外界环境影响，而且还与各民族的思想观念、行为方式和生产、生活习俗的影响分不开。

三、过渡空间

苗居最大的特点是利用退堂、美人靠、挑廊等半室外空间将室内空间扩大延伸至室外，营造丰富而有层次变化的空间效果，这种由室外到室内再到半室外空间的变化充满了韵律和节奏感，使整个苗居空间的体验感更有趣味。

宽廊是侗族民居的重要特征之一，它一端连接楼梯，一端连接室内的各个空间，是连接室内外的半开敞空间，打破了室内空间的封闭性，使室内空间的视野更加开阔。宽廊是侗族民居室内外空间的过渡区域，是整个家庭的起居空间，除了休憩外，还承担社交、手工劳作等空间职能。侗居的宽廊内经常会摆放织布机，设置竖向栏杆，侗族女子在此纺纱织布，成为室外的劳作空间，有的宽廊为了遮光挡雨还会增设挑檐。其室内外的空间界限似围合又通透，似清晰又不明确，似独立又依存，极富趣味性。

由此可以看出，苗居和侗居的过渡空间依照其本身的空间布局特点，采取不同的形式表达，但就其空间本身的使用效果来说基本一致。

四、入口

苗居和侗居的入口均设置在山墙一侧，这与传统汉族民居入口在正面的布局方式完全不同，但二者在入口位置的处理上却各有特点。苗居入口多设置在建筑侧面山墙与室外坡坎相连接的半开敞曲廊，转折进入退堂或经过其他生活空间，然后再进入中心堂屋。而侗居入口则是设置在侧面山墙尾端，由偏房内的单跑楼梯，经过生活层的半开敞空间宽廊，再进入各生活空间。

4.6 小结

本章是全书的重点章节，作者由整体到局部、由大到小依次对苗族民居室内环境的构成要素进行了分析。首先，从大的空间格局入手，分别从纵向空间划分和平面空间组合两方面分析了民居整体的建筑室内布局；其次，以独立的功能空间为单元，深入分析了各个室内空间的布局形式及该空间所体现的民族文化和信仰；最后，通过建筑室内的细节装饰以及苗居的传统装饰艺术，如门窗等家具形式深入分析室内构件的营造方式，从而引出整个建筑及室内空间的营造技艺。本章从不同的角度对苗族民居室内环境进行分析研究，完整、全面地论述了苗居室内环境的构成要素，也为接下来的论述提供了依据。

第5章

苗族民居室内设计的特征

5.1 室内设计中的可持续性文化

5.1.1 平面空间的灵活组合

吊脚楼的平面组合关系主要存在于二层生活层，作为整个建筑的核心层，有明显的地域特征。以堂屋为中心的放射性布局是苗居的基本形式，有时堂屋在平面中的几何方位可能不在中心，但其在民居中的核心作用是很明确的，是整个生活层的交通枢纽。西江苗居中以三开间最为常见，在此基础上有的家庭为了满足空间需求会增加偏房，形成四开间或五开间。传统汉族民居强调对称，以单数开间形制布局，封建礼制等级森严，苗居并非如此，而是灵活排列，以前的苗王鼓藏头家也是如此。

苗居生活层平面一般有三种组合方式：

1. 堂屋居中，卧室位于堂屋左右两侧的前半部分，光照好，厨房和火塘间位于左右两边的后半部分，整体对称；

2. 堂屋居中，左侧或右侧全部布置卧室，另一侧前半部分为火塘间后半部分为卧室；

3. 堂屋受地形影响位于一侧，另一侧向阳的前半部分为卧室，厨房和火塘间位于后半部分的阴面，这种形式比较适合家庭成员不多的小体量建筑。

苗民一般优先考虑主体以三开间或五开间为主，以堂屋为中心对称，有时也受到地形的影响，增设偏房，打破房屋的对称性。这也充分说明，苗民在建造房屋时尊重自然，重视实用性，体现出平

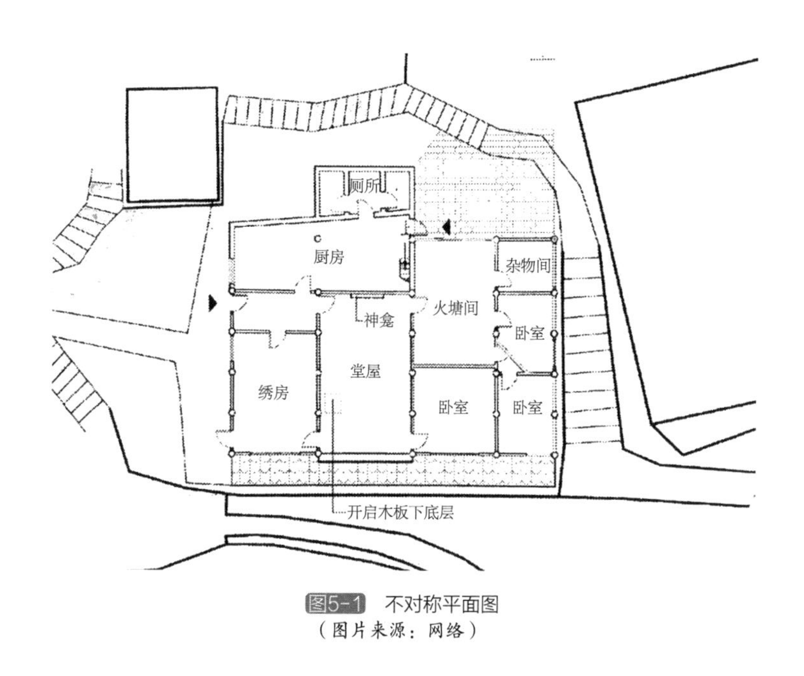

图5-1　不对称平面图
（图片来源：网络）

面空间组合的灵活性（图5-1）。

5.1.2 纵向空间的安排与利用

住居的结构形式往往和各民族所处的自然环境、经济基础、政治文化相关。中国传统民居的特点是以轴线、庭院、重复的方式进行平面布局，而地处黔东南的苗族则采取独栋建筑，同时在垂直方向上进行空间组织。底层饲养牛、猪等牲畜，存放农具，上层住人，这样可以防潮，避开林间的虫、蛇、野兽的攻击。这种垂直空间发展模式的主要成因是其所处环境地形的复杂性和有限性导致的。苗居纵向空间安排与传统的干栏式建筑基本一致。苗居顶层的粮储空间可灵活布局成卧室，有的苗居建筑进行二次阁楼加建，即增加一层阁楼的垂直空间，在纵向上谋求更多的使用空间。这种纵向的延伸方式和现代城市建筑采用的方式基本一致，但苗居最多增加一层阁楼，为的是在建筑高度和体量上与传统吊脚楼保持一致，不突兀，同时不影响寨落整体的美观。

5.2 中心聚落文化

5.2.1 以公共空间为中心的聚落文化

苗族聚落空间布局受到自然环境、民族信仰、历史沿革等因素的影响，寨落内部的公共空间呈点状分布，主要起到祭祀、表演的作用。公共空间的通达性良好，大型的公共空间通常在整个寨落的公共活动中心，方便家家户户通过最短的路程到达，这也表现出公共空间的辐射性。公共空间的主要职能是承载村民的交往、集散和大型聚会活动，作为寨落的重要景观元素，具有很强的民族性特色（图5-2）。聚落空间在布局上除了主要的大型的公共空间，还有服务范围小的广场或坝子，它们服务于周围苗居，作为村民的交流空间，也作晾晒空间使用，同时某些公共设施集中的地方也会形成小的公共空间。

随着社会经济的进步、信息的快速传播、苗民文化水平的提

图5-2　朗德下寨广场

高、旅游行业的蓬勃发展，苗乡从自给自足的小农经济逐步过渡到了以旅游业为主的第三产业。随着大批量游客的到来，经济收入提高的同时，苗乡无论是生活方式还是民族习俗，都受到外来文化的冲击，苗民的传统信仰、民族文化也在接受巨大的挑战。经济的发展是不可逆的，但如何在经济发展的同时传承我们优秀的传统文化，值得深思。正如西江苗寨，祭祀的铜鼓场如今已变成游客观赏表演的重要空间，苗民为了配合游客的时间每天按班次进行表演，铜鼓场也失去了原本神圣的意义，传统的苗族文化只留下形式。

5.2.2 以堂屋为中心的格局

堂屋是整个住宅的中心，是苗民心中最为神圣的地方，这主要体现在三个方面：其一，在方位上，从平面的角度来看，堂屋一般位于主要生活层的中间开间，左右两侧分别布置其他功能用房，这就使得其处在一个枢纽的位置，连接整个苗居的各个空间。从纵向垂直的角度来看，堂屋位于二层的中间位置，也是上下层联系的枢纽位置，可以说整个住宅以堂屋为中心呈发散式布局。其二，在功能上，堂屋的作用类似于现代建筑中的起居室和客厅，首先可以作为家庭内部成员沟通、交流的休憩空间；其次，在重要节日的时候，堂屋还是接待宾客、举行仪式的公共空间。其三，在精神上，堂屋在苗民心中是祖先的居所，苗居堂屋后壁中央一般会设神龛，逢年过节都要祭祀。就堂屋的使用属性来看，和汉族民居中院落的功能十分相似，承载家庭重要的集体活动，这也体现出苗居在受地域自然环境限制时，所呈现出来独特的民族居住文化。

苗居一般的格局以堂屋为中心，这也能看出苗族将寨落营造时的中心聚落文化运用到了民居建筑中，将苗民心中最为神圣、重要的位置置于整个建筑的中部，这和汉族民居的室内环境布局相似。堂屋可以说是苗居中一个共享的、开放的中央空间，蕴藏着身后的地域性民族文化。

5.3 民族信仰对苗族民居的影响

5.3.1 中国传统文化作用于苗居空间营造

苗族是一个古老的民族，也是中华56个民族中的一员，就其漫长的发展历史来看，很多思想都在不同程度上受到中国传统文化的影响。苗族先民从江浙一带不断向南、向西南迁徙的过程中，途经之地大多数以中国传统的儒家、道家文化为主，两者对苗族思想文化的影响有着不可忽视的作用。

传统的儒家文化中“天人合一”的观念核心是敬畏自然、善待自然，人和自然在本质上是相辅相成的，人的一切行为应符合自然规律，人与自然应和谐相处。道家对于“天人合一”的理解更注重尊重、顺应自然，道家认为人应该顺应自然规律，不能“妄为”，肆意破坏自然，提倡适度地把控。这也正是我们今天的生态观念，对环境、资源的利用要尊重其本身的规律，要把握好适度的原则，这一点也体现在今天苗族的寨落和民居建筑营造中。营造建筑空间本身就是对自然利用、改造的过程，苗族文化中对自然十分敬畏，不论其寨落整体的规划布局，还是苗居建筑空间，都追求与自然的和谐统一。

苗寨有一个优良传统，在建寨时会明确一定范围的枫树林为保寨林，各家各户建造房屋时不得破坏、跨越。保寨林在我们今天来看也是极具价值的，它对水土资源的保护作用、对整个寨子的绿化作用，都不容忽视。这也体现出苗民对环境的保护意识。苗居建筑不像我们工业化的城市建筑，按规定整齐排列，而是沿着山体的等高线布局排列，与山体融为一体，这种与自然的巧妙融合更体现了传统的“天人合一”思想。建筑内部通常会设有半开放空间——退堂及美人靠，将室外空间引入室内，实现住居环境与自然最大化地融合。

5.3.2 苗民生态观对苗族民居的影响

苗民的生态观念除了受到儒家、道家的传统文化影响外，还与其长期处于农业经济的背景分不开，与自然环境和谐共处，适度原则也是苗民在长期生产生活过程中所遵循的，苗居建筑吊脚楼从其营造的形式和规模上就十分符合适度原则。吊脚楼在营造过程中对山体的破坏小，在坡度不大的山体上基本不改变山体坡面，只做适当的平整工作，如若拆除吊脚楼，坡体也可在短时间内恢复自然状态。在建筑规模上，苗居建筑的体量大小基本一致，不会因为家庭内部子孙的增加而无休止地扩建，而是在建筑增加到一定规模后，部分家庭成员另选新的基地建造房屋，这就使得苗居无论在横向上还是纵向上都比较统一，各个单体在体量上都比较平衡，包括传统世袭苗王鼓藏头的居所（图5-3）也是如此。这种统一的小体量建筑规模，对山体无须大肆挖掘改造，保证了对自然坡体、岩体的适度利用。

图5-3　千户苗寨鼓藏头家

5.3.3 多神崇拜造就民居文化

苗族因长期交通闭塞，文化相对封闭，有多数苗族群众信仰的仍是本民族长期形成的原始宗教多神崇拜，除了对祖先崇拜外，苗民的崇拜对象多数为自然之物，如水牛、蝴蝶、枫树、鸟、巨石、古井等。

苗居堂屋是整个建筑的中心，苗民认为堂屋是祖先灵魂的居所，并在此设立神龛，时常祭祀，堂屋的重要性体现了苗民的祖先崇拜；建筑内部的装饰细节，如牛角连楹、牛角酒具等，建筑外部的集散空间、道路均使用鹅卵石铺成水牛、蝴蝶等抽象图腾，这也体现出苗民的多神崇拜。

5.4 苗族民居再生设计实例

5.4.1 民居现状分析

苗族传统民居为吊脚楼或半边吊脚楼，这种形制可以追溯至远古时期的干栏式民居。干栏式民居是远古时期我国南方典型的巢穴建筑形式，历史悠久，民族特色鲜明，同时苗寨的布局排列也因地制宜，十分科学。但是随着经济发展，时代进步，网络信息的快速传播，苗寨旅游业的大力发展，苗乡无论是生活方式还是民族习俗都受到外来文化的冲击，因此苗族民居也需要相应的改变来适应时代的发展。随着文化的大交融，苗寨与外界交往越来越频繁，现代生活方式与外界文化意识对苗寨的冲击越发强烈。如何辩证地保护与传承聚落建筑是值得深入思考的。

一、用材及采光、通风

从苗寨整体的环境来看，森林资源十分丰富，雷公山的地质条件非常有利于高大树木的生长，因此杉木成为民居建筑最主要的建筑材料。但当今社会提倡绿色可持续发展，而吊脚楼所有建筑构件都由木材制成，民居修建尺度越来越大，对木材的需求有增无减。长此以往，即使目前黔东南植被丰富，也总有消耗殆尽的一天。木材作为建材最大的缺点就是易燃，大面积的木屋连在一起容易发生火灾，如何预防火灾的发生也值得思考。

同时，室内也没有任何装饰面的修饰，全部为木材本身的颜色，建筑开窗小，室内光照不充足，即便有退堂、美人靠这种半室外空间进行通风采光，其他室内空间依旧很昏暗，白天进行室内活动也需要开灯，并且使用时间越久，木材颜色越暗。吊脚楼为全木楼，而木材存在一些不可避免的问题。木材的隔声性能较差，上层的人走动时会对下层造成很大的影响，即便在同一层，木楼板的噪声也会导致互相干扰，即使在房间里关上门仍然会不可避免地受到隔壁房间中走动声响的影响。另外，地面模板厚度也只有3厘米左右，经过长期使用，受到摩擦、撞击等因素影响后，会出现小裂缝等局部受损的情况，在使用过程中，上下层会产生视线的干扰，特别是下层房间的私密性会降低，同时破损问题还会使房屋显得破旧。

二、空间使用问题

当人们逐渐开始接受现代生活方式时，仅凭传统居住经验的延续，其缺少科学的分区原则指导的弊端开始显现，例如传统模式中使用空间与交通空间混杂，联系上下层空间的梯段设置随意而干扰空间使用效率；当使用者从外部空间进入内部空间时，对于过渡性空间需求迫切，在过渡空间中发生的换鞋、更衣等行为方式的潜在需求较大；空间在利用上表现出一定的效率低下问题，堂屋空间在建筑中主要作为交通组织空间，不仅在横向平面空间组合上，而且在纵向空间联通上，都承担着各种生活、生产空间联系的中心枢纽作用（图5-4）。堂屋只在特定时间点上才作为实际的生活空间，显然利用不足。堂屋在实际的空间容量上是众多空间里最大的，但在

图5-4 堂屋成为交通枢纽

通常状态下仅作为交通空间，这导致过多的中心空间没有得到有效利用。

三、卫生问题

随着现代生活方式的融入，苗民在日常的清洁习惯上也有所改变，对清洁环境的舒适度也随之有了更高的要求。过去的村寨基本上是无组织排污，每户的厕所都设置在底层的圈养牲畜层或是在主体建筑外侧，使用并不方便。在苗寨，厕所经常被人们忽略，被下意识地判定为边缘空间，经常不受重视，卫生状况堪忧。除此之外，厕所普遍被视为难登大雅之堂的空间，和主要的生活层空间联系不紧密。而厕所恰恰是现在居住建筑中的重要使用空间，空间使用率很高。在已经实现家家户户通自来水的背景下，西江苗寨的卫生空间的组织怎样去更好地适应现代生活的需求、提高生活品质是值得我们反思的。

5.4.2 实例再生设计

在研究过程中，笔者认识到黔东南苗族地区主要是由于各种原因造成的低收入人群聚居的空间。他们是中华民族的一部分，再生设计应该本着服务苗族同胞的态度来改善他们的生存环境，同时再设计也应该是对乡土文化传承的一种方式，而不是一味地向城市文化靠拢，这样才能保持民族文化的多样性。下文以清宅为例，尝试对民居室内空间进行再设计，改善苗族人民的生活环境，使之更符合现代的生活习惯，也为日后苗族民居更新改造提供一个可行的模式。

一、用材的传承更新与采光

木材作为黔东南地区传统的建筑材料，最大的优势在于就地取材的方便性，使得整个房屋的造价更加经济，同时经过长期的实践证明，木材作为传统建筑用材对于民居建筑本身的地域性能够更好地诠释，是对苗族民居吊脚楼的发展见证。随着时代进步，科技发展，传统建筑材料应与现代化材料相结合，规避木材的缺点，更好地服务于苗族同胞。例如清宅，可以使用现代材料对木材进行部分性替代，降低木材的消耗。利用现代技术对木材进行浸渍处理，提高木材的防火性能，避免火灾的发生。在设计时，可采用现代材料对楼板进行替代，降低上下层之间的噪声干扰，相较于木制楼板也更加耐用，同时还不影响吊脚楼的传统外观。

关于清宅室内的采光问题，在此设计中，笔者将吊脚楼开窗面积扩大，增加室内采光，同时在位于背光位置的空间，内部木墙上贴浅色防火板，在提高木材防火性能的同时，浅色的墙面会使内部空间更为明亮。

二、居住层内部空间的组合

苗族民居吊脚楼一般分为上、中、下三层，首层为吊脚层，用于圈养牲畜或存放杂物；二层为基本居住空间，分别为堂屋、退堂、火塘间、卧室、厨房以及其他辅助功能房间，结构比较简单，以堂屋为中心，以对称的样式呈放射状布局；三层多为粮仓，偶尔也作为子女用房。笔者通过调研发现，苗居中很少出现入口过渡空间，并且交通流线比较混乱，不利于现代生活，清宅中也同样有这些问题（图5-5）。再设计过程中，考虑到苗寨建筑间距较小，寨路一般为1.5～2米宽的阶梯小路，宅前路可调整的概率更小，因此，保留原有的入口位置，只对内部空间进行更新设计。在清宅中，首先入口处设置玄关，增设衣橱衣柜，为换鞋、更衣等行为方式提供空间，满足现代居民的生活方式需求。

随着经济发展，清宅乃至大多数苗居中的火塘间已不再是火坑，而是取暖铁炉，承担部分的烹饪任务，相当于辅助厨房，因此将原本的厨房和火塘间合二为一，使原本厨房的位置空出，用于其他功能。

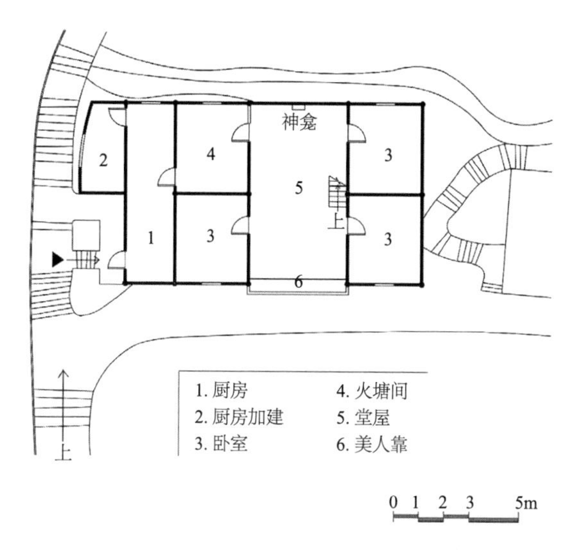

图5-5　清宅改造前二层平面

堂屋作为整个生活层的中心，无论是在位置上还是在苗族人的心中，都是神圣而不可替代的精神空间，但在使用过程中通往上下层的楼梯也位于堂屋，且所有房间都朝向堂屋开门，因此更多地充当了交通空间，在改造过程中将楼梯间改到入口北侧原本厨房的位置，占据左半部分，成为独立的空间。

在再设计过程中，尊重原本的民族信仰、民俗习惯十分重要，民居建筑寄予着族人祖祖辈辈的信仰与希望。苗族民居堂屋中通常会设置祖堂，祖堂在苗族人眼中是供奉祖宗的地方，十分神圣，寄托着一家人的夙愿与情怀。因此堂屋保留祖堂，改动楼梯后成为较独立完整的空间，靠近祖堂部分设置为起居室，成为家人主要的交流活动空间，靠近退堂美人靠的部分设置为餐厅，使用过

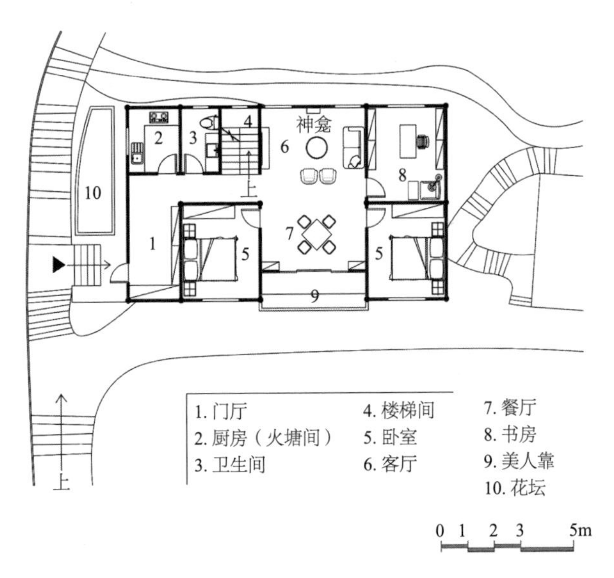

图5-6 清宅改造后二层平面图

程中可以和半室外空间的美人靠相结合，可容纳众多亲朋好友（图5-6）。

三、卫生条件的改善

清宅原本的卫生间位于底层空间的东北角，使用起来需要上下楼梯，十分不便。在西江千户苗寨已实现家家户户通自来水的背景下，再设计后将卫生间调整到二层的主要生活层，放置于原本厨房位置的右半部分，方便使用。厨房和火塘间合二为一后，增设排烟机，其开口处加设上下交错的钢条，用以悬挂苗族人喜爱的美食——腊肉和香肠等。

四、旅游业发展

现代苗民的生活中，旅游业所占比重不断增大，在旅游经济蓬勃发展的时代背景下，民居空间要素往往缺少适当的回应。清宅原本底层为圈养层，各种工具、杂物摆放十分杂乱（图5-7）。在旅游业发展的大背景下，底层作为临街的楼层具有较高的商业价值，再设计过程中，将底层左侧部分空间改造为苗族手工绣坊展售体验店，向游客展示苗族传统的苗族刺绣、扎染、蜡染等，既能展示传统民族文化，又可以提高家庭收入。底层右侧空间改建为库房，设置大型库房货架，存放各种农具、家庭杂物等，使原本脏乱的圈养层整洁干净（图5-8）。

通过尝试对苗族民居建筑进行再生设计，笔者以清宅为例，深入了解苗寨人民的生活状态和生活方式，根据实际情况，在设计实践中不断探索研究苗族民居建筑再生设计的可能性，尝试以尊重且最符合苗族人民日常生活的状态和方式，更新和延续与环境相融合的苗族民居室内环境。

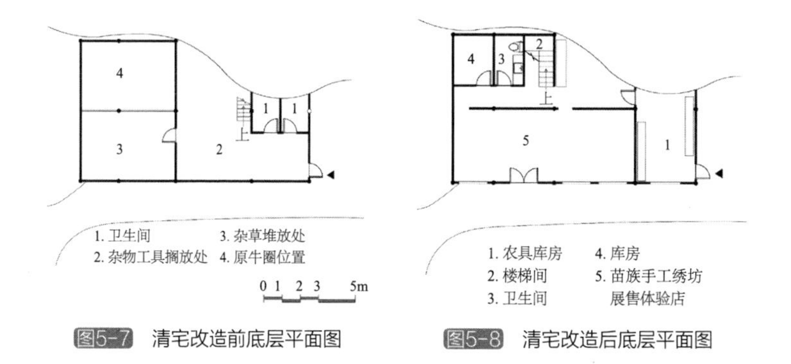

图5-7　清宅改造前底层平面图

图5-8　清宅改造后底层平面图

5.5 小结

本章是全篇的总结性章节，基于前四章的分析研究，将历史、自然环境、人文、民俗、建筑、室内相结合，总结出苗族民居室内设计的特征，分别是：苗族民居室内设计中的可持续性文化、中心聚居文化、民族信仰对苗族民居的影响深远。进而结合典型实例对苗族民居室内环境现状做出分析，通过总结出来的民居室内环境的三大特征，进行民居再生设计，旨在旅游业蓬勃发展的背景下为大部分苗居提供一个可行的改善生活的方向与模式，在保护传统苗居建筑的同时与现在生活需求相结合，实现苗族民居室内环境的可持续发展。

结　语

苗族是一个不断迁徙的民族，是一个饱受灾难又顽强不屈的民族，见证了中华民族璀璨的文化发展进程，经历了历史社会政治、经济文化、人文自然等种种因素的洗礼，屹立至今。苗族民居是其民族文化的重要载体，其发展进程是中华民族住居文化的重要组成部分。作者亲赴黔东南苗族聚居区考察调研，走访了西江、郎德、南花等数个传统苗寨，考察了典型苗族特色民居建筑吊脚楼的室内环境格局与设计，整理考察成果后结合文献资料完成本书的撰写。本书以民居建筑环境作为论述的背景，结合黔东南苗区的自然环境，由外到内、由整体到个别，着重论述苗居室内环境构成要素，总结苗居室内环境设计特征。通过论述和总结，将苗族民居室内环境以及其所表现出的住居文化，以较为清晰的逻辑展现出来，基本达到了预期的学术目的，完善苗族民居建筑室内环境研究的不完整，通过对黔东南雷山县苗族侗族自治州的苗族民居室内环境设计研究，了解黔东南苗族民居的状态，挖掘其在地域环境、历史文化、社会经济生活等影响下的深厚内涵，总结苗族民居室内环境设计的特征，分析苗族传统民居在现代化进程中所面临的严峻问题，在不改变传统苗族住居习惯的前提下，探索苗族民居在新时代背景下的再生设计。

苗族民居建筑的传承与发展，对中华民族地域性传统民居文化研究具有非常重要的意义。笔者认为，在旅游业迅速发展的苗寨，应该对苗族民居吊脚楼的价值给以足够的重视，合理地更新、保护和发展，使其既能适应现代的生活，又能保留其民族和地域的特性。保护和发展传统苗族民居建筑是一个系统的、细致的、具有文化持续性的工程，应该在快速融合发展的时代背景中追求并强化差异性，使其保留原本的民族特色和文化内涵。

苗族民居室内环境设计研究是一个具有民族特色的课题，也是一个与民俗、宗教、信仰、自然环境息息相关的复杂而庞大的课题，更是一个尚未深入研究的课题。本书的研究是建立在前辈的理论和实际调研的基础上的，由于时间和水平有限，论述中存在许多不足之处，所涉及的深度和广度也都有所欠缺，但作者仍希望本书能够起到抛砖引玉的作用，吸引更多优秀的专家学者对黔东南苗居进行深入的研究，为苗族民居的发展贡献自己的一分力量。文章的疏漏之处还请各位专家、老师、同学多加批评、指教。

附录一：黔东南苗侗族民居建筑特征比较研究

黔东南苗族侗族自治州地处云贵高原向湘桂丘陵盆地过渡的地带，气候温润潮湿，林木资源丰富，多民族共同聚居使得这里的民族村寨与建筑具有独特的地域性文化特质，尤其以苗族吊脚楼和侗族木楼最具代表性。

一、苗侗民居的起源和演变

1. 民居建筑起源

黔东南苗侗族民居是我国古代民居建筑史上穴居和巢居两大文化类型的不同代表，虽然两种民居形式均为穿斗式木结构，建筑形态极为相似，但却有着截然不同的文化起源和发展路径。苗族“吊脚楼”起源于我国古代穴居文化系统，严格地说应为半干栏式建筑，因为干栏式要满足全部悬空的条件。吊脚楼倚山而建，是干栏式木构建筑适应特定地理环境的产物。侗族木楼则起源于我国古代巢居文化系统，木楼凭空而起，是真正意义上的干栏式建筑，其特点“占天不占地”，上大而下小，在黔东南南侗地区尤为突出。木楼层层出挑，下雨时檐上落水抛得很远，起到保护墙脚的作用，每层楼上都有挑廊，其形制及功用均缘起于原始时期的树居经历。

2. 苗侗民居的演变及关联性

早期侗族原始干栏民居无固定平面形式，布局简单，功能混合，男女共处，同饮同寝。和一般民居发展过程一样，侗族干栏民居也经历了一个从简单到复杂的过程，通过对现存民居平面的分析，可以判定民居的基本空间单元由一个火塘间和与之相连通的卧室组成，在此基础上可以推测出这一演变过程主要包括两种形式：一种是增加空间单元数量，再由一条公共长廊将各个单元串联，最终形成长屋干栏。另一种则是增加每个空间单元的房间数量，如在单元内增加堂屋、厨房、储藏间等。而苗族根据历史文献记载，并不能确定其先民曾使用过干栏，但苗族大量使用干栏确有实例存在，从这些实例可以看出，苗居同样经历了由简入繁的过程，通过不断分解细化主屋功能，增加房间数量来实现。这与侗居的发展演变有着相似的路径。但值得注意的是，苗居半边楼在利用地形空间上有自己的独到之处，被认为是全干栏建筑形式在山地的一种创造性发展，是全干栏进一步走向成熟的标志。

通过对苗侗民族地区的历史沿革进行追溯，不难看出两者的演变存在一定的关联性。历史上，黔东南苗侗民族混杂，在苗疆未被纳入汉人统治前，少数民族间同化现象普遍。一方面，侗族在苗疆中地位较高，侗族土司为实际掌权者，从苗侗村寨选址亦可看出，侗族可以“择平坦近水而居”，苗族却只能“择险而居”，实际上是苗族在文化上占弱势的表现。另一方面，侗族掌握成熟建造技术，高耸的鼓楼和横跨水面的风雨桥皆是见证，而苗居常被形容得简陋不堪。因而强势的侗族在建筑文化上潜移默化地影响苗族，或者苗人主动模仿侗族建筑具有很大的可能性；改土归流后，苗侗地区中央集权逐渐强化，使得苗侗族与汉族之间的交往越加密切，汉式建筑文化渗入，一定程度上导致苗侗民居存在同质化发展趋势。

现如今生产力水平提高，侗族多家庭聚族而居、为抵御恶劣生存环境的长屋建筑形式逐渐消失，越来越多的苗侗民居通过增加空间单元的房间数来分担单个空间的多种功能，满足人们对高品质生活的追求，这也使得苗侗干栏的空间模式越趋复杂。

二、苗侗民居的建筑特征和分布

1. 民居建筑特征

黔东南苗侗民居常见两层和三层两种形制，木构架体系，底层用木柱架起，离地悬空，用以圈养牲畜和堆放杂物等，二层设置火塘、卧室、厨房等供人居住的生活功能空间，同时也是祭祀和族群交往的场所。顶层阁楼则以储藏、晾晒为主。火塘都设在架空层上层，是整个民居空间的核心。从底层架空的形式看，包括全部架空和部分架空，因此分为全干栏和半干栏两种建筑形式。

2. 民居建筑分布

苗族村寨在垂直高度上广布于273～1256m的高程范围内，区域分布上主要包括黔东南中西部地区的凯里市、丹寨县和雷山县等地，且多集中于地势高而陡峭的雷公山山地。侗族村寨垂直高度上广布于244～915m的高程范围内，区域分布集中于东南部中低地区的黎平县、榕江县和从江县等地，山势较平缓，水土条件较好。

三、苗侗民居建筑之异同

1. 民居选址

根据苗侗民居建筑分布的地理特征可见，苗居选址的最大特点是“依山建寨，择险而居”，房屋多建在半山腰上，沿山体等高线排列，为了最大限度地争取使用空间，苗民创造了极具特色的半干栏式建筑形态，在竖向空间层次上也造就了苗寨聚落整体上呈现出沿等高线方向参差错落的寨落形态（图1）。此外，半边楼的形式也蕴含了苗民族原始的民族信仰，认为建房必须“粘触土气，接地

图1 西江千户苗寨

脉神龙”，只有同土地相接的住宅才会子孙兴旺；而侗居则大多坐落在河谷盆地、低山坝子和山麓缓坡地带。由于侗民重视中国古代风水观念，以期通过山水要素的配置形成聚落的“风水宝地”，村寨选址环山聚气，河水穿寨而过，人们“依山傍水，聚族而居”，这样的自然条件相比苗族要优越得多。在空间高度层次上，鼓楼高耸于侗寨中心，不管是高度还是造型，都对村寨的空间形态起着统率作用，民居建筑群共同簇拥围绕着鼓楼中心，高度一般低于鼓楼，呈现出具有秩序化的内聚向心形态。

2. 入户方式

苗侗民居依山而建，对地形的处理手法多样，建筑形式丰富，因而致使民居入口空间灵活多变。苗侗民居的入口空间除了连通道路和建筑内部的功能外，还起到抵消道路与建筑高差的过渡功能，是适应山地地形对入口不同高差要求的创造性建筑空间。

在山脚处，入口空间紧邻主体建筑以及入口空间嵌入主体建筑底层的方式是苗侗民族常见且共同采用的布局手法，这两种方式由道路坡度和建筑内部平面格局所决定。而在山腰及山顶处，由于苗居选址更为陡峭，且苗寨中鲜有类似侗寨鼓楼和戏台这样的公共活动场所，因而部分苗居利用地势缓坡作为过渡平台间接地连通建筑与道路，加强了建筑领域感的同时，又为苗民提供了满足日常生产生活的集体性场所，这也是平台式入户方式在苗居中更为常见的主要因素（图2）。而侗居则恰好相反，为了充分利用平地基地，会尽可能减少建筑的占地面积，从而采用架空式的入户方式，利用屋

图2 苗居平台式入户方式

顶和楼层的悬挑形成架空通道，以衔接入口和道路，具有一定私密性，同时也达到了丰富空间层次的效果。

3. 空间模式

苗侗族空间模式的差异主要集中在二楼居住层的功能布局中，苗族以堂屋为内聚中心，面积较大，卧室、火塘、厨房等空间向左右两侧延伸，平面形制呈左—中—右的横向排列。苗居将卧室设于前部架空位置，形成“前室后堂”的功能格局（图3）；侗族则以火塘为中心，由火塘和与其纵向分布的若干卧室组成基本空间单元，满足用餐、卧寝等需求，一个单元便是一个小家庭，这些单元通过横向排列构成侗族干栏的生活区域。侗居将卧室置于后部，加之前部的厅堂、走廊形成“前堂后室”的功能格局，空间形制上则为前—中—后的纵向排列（图4）。

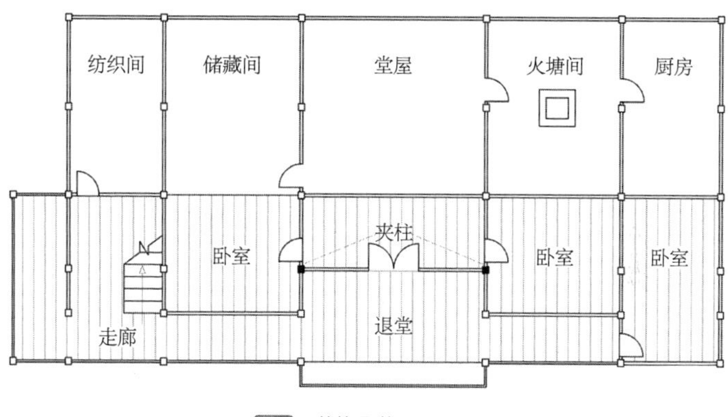

图3 苗族居住层平面图

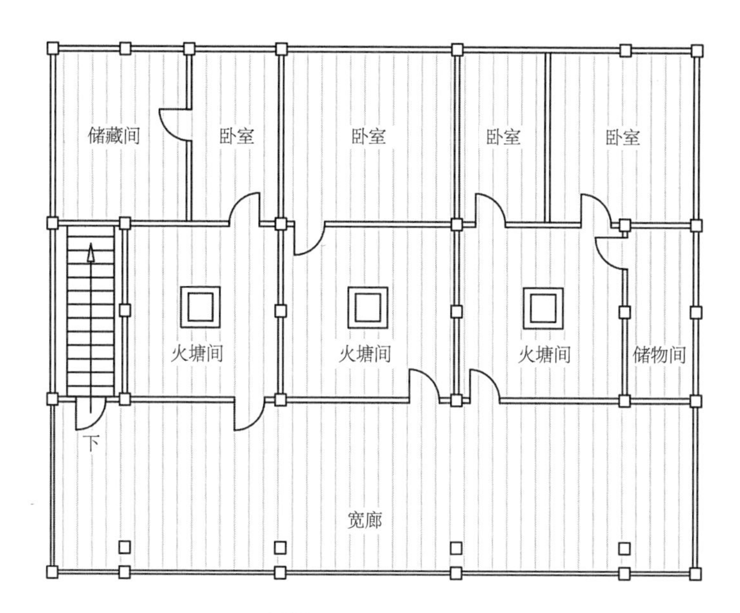

图4 侗族居住层平面图

作为连接室内外的半户外过渡空间，苗侗民居采用了不同的处理手法。苗居堂屋内退约一到两步，与部分挑廊共同构成退堂，外部加装美人靠，又巧妙地扩展了退堂空间。它既是堂屋前的缓冲地带，又是从室内到曲廊入口的过渡区域，室内外空间在这里相互渗透融合；而宽廊则是侗居的重要特色空间，因其面积宽大而得名，除了起到串联楼梯和与廊道平行布置的堂屋、火塘间、卧室等的功能外，还是家庭聚会、族群社交、娱乐休闲的公共活动场所。就空间性质而言，宽廊是空间由内到外的过渡、由封闭到开敞的转变，空间界限似围合又通透，是传统侗居中人情味浓郁的过渡空间。

底层空间中，苗侗民居用于畜圈、储存、杂务等，功能基本相同，但苗居半干栏形式使其使用面积减少，为了提高效率，苗民设置隔断对空间进行有效划分；侗居则保持了早期干栏的特点，底层贯通，较为空旷，四周用杉木板围护。

顶层空间中，苗族吊脚楼的阁楼在横向各构架之间不设隔板，两面山墙处多不封闭，四周墙壁也为半开敞或全开敞，因此，阁楼层连通一体，空气流通良好，利于作为谷仓空间进行生产晾晒活动，并兼作防寒隔热和居住的功用。侗居阁楼层高较苗居低，很少用来进行生产晾晒活动，基本用来居住和储物。

楼梯空间的处理上，侗居采取不占用主要使用空间、形式简洁的方法，如楼梯多布置在紧挨主体建筑侧端的偏厦开间内，入口位置多设在山墙面，居住层与阁楼联系的梯子采用移动方便的独木梯。而苗居楼梯空间处理方式多样，并不存在一定的规律。

4. 建筑构造与装饰

建筑结构上，黔东南地区的苗、侗族民居大多为穿斗式木构架体系，以五柱六瓜居多。柱子下方均以石为柱础。苗居中，因夹柱的存在，以中柱所在的两边跨度较大。大部分苗居结构中有斜梁，即在柱子与瓜柱的顶上顺延屋架的方向根据屋顶坡度放置一根延伸至檐口的圆木，梁上放置檩条，这使得檩条不需要一一对应柱头放置，屋架有更大的自由度，室内空间更加灵活，其形制也更为丰富。在侗居结构上，屋面一般不做举折，以中柱为主，两侧跨度的距离接近。因不设斜梁，檩条需要与柱头对应放置，这种结构形式相对于苗居缺乏灵活性，也是形成侗居平面形制相对于苗居较少的一个主要因素。

建筑形制上，苗族半边楼的底部构架是一种半楼半地形式。建筑的前半部分架空，用房柱作为支撑，后半部直接分落在坡地上，与地面相接，前虚后实（图5）。而侗族木楼不管是在平地还是坡地，底层一律用木柱架起，离地悬空，只不过在山坡上建楼时，地面取长柱，坡面立短柱，是典型的干栏式建筑（图6）。

建筑外观上，苗族吊脚楼采用了架空、悬挑、层叠等多种工艺手法，二层出挑形成吊脚，屋顶是颇具曲线美的弧形悬山式，屋角轻盈起翘，造型生动。侗族的干栏木楼质朴，最具特色的地方是重檐以及“倒金字塔”形状，房屋每层都在前一层基础上悬挑60厘米左右，逐步加大直线的宽度与比重，形成层层出挑、上大下小的轮廓，充分利用了上部空间。同时挑出去的宽大屋檐可以遮蔽风雨、悬挂衣物，还能当作谷物的临时晒场。

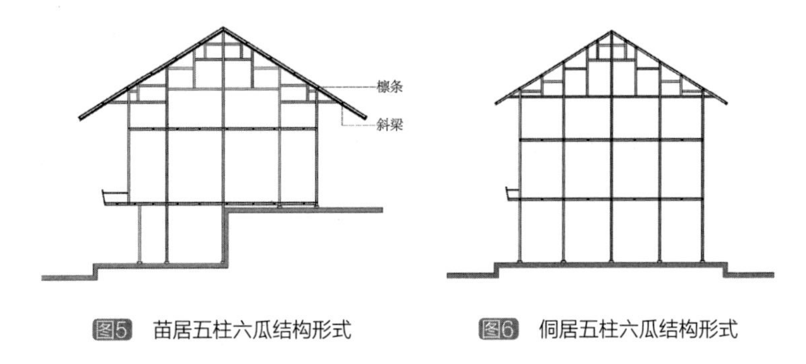

图5 苗居五柱六瓜结构形式　　图6 侗居五柱六瓜结构形式

建筑装饰上，苗侗民居强调简洁的装饰效果和重点处理的装饰手法。装饰重点集中在入口、门窗、吊柱吊瓜、屋檐口及屋脊等处，题材上以几何图案、花虫鸟兽、吉祥纹样以及神仙人物为主，整体上以灰黑青瓦搭配灰褐木墙，白色点缀其间，呈现出浓郁质朴的乡土民居色调。但在部分结构装饰上也各有侧重，如苗民信仰枫树图腾和牛图腾，会把以枫树和牛头为主要形式元素的动植物图腾作为装饰图案运用到建筑装饰中。侗居装饰艺术的象征美则表现在鱼崇拜、日月崇拜、葫芦崇拜、蜘蛛崇拜等。此外，苗居大门及房门的形制和装饰别具特色，大门上宽下窄，房门上窄下宽，苗民认为这便于财宝进屋，护佑产妇。侗居入口大门上方的门楣常有类似菱形的雕饰，有的还挂有驱邪避恶的吉祥之物，寓意迎进彩喜、挡住灾祸。

四、苗侗民居建筑的变迁与互动

随着社会经济条件的发展和生活习惯的转变，人们对居住环境的卫生、安全、质量和居住舒适性要求越来越高。传统的苗侗族民居为适应当代需求，发生了诸多变化，因衍生于不同的社会文化体系和风俗习惯，使得苗侗民居的发展趋势存在共性的同时又具有差异性。

1. 发展共性

新的生活方式介入，导致苗侗民居的空间模式变得越来越复杂，功能空间的数量不断增加，原来单个空间解决用餐、卧寝、待客、储存等多种功能，现在则由多个房间来承担，如厨卫空间从主房抽离，单独修建，功能分区更加细化，并多采用砖砌结构，提升居住环境质量的同时降低火灾发生率；火塘间引入汉式建筑“厅”的功能，增加诸如电视、音响等现代娱乐设施，传统烧木取暖的方式被电能取暖所替代，家庭活动的中心由火塘间向现代客厅转移；底层畜圈外迁，单独设置在主房外部。底层成为存放农用工具和杂物的场所，有的还作室内生产之用；顶层改为客房，可用作接待游客的家庭旅馆，以适应旅游业的发展。

建筑结构上新材料的运用使民居形制不断发生变化。穿斗式木构架的结构体系被砖木体系和钢筋混凝土的砖混结构替代。砖木体系采用底层砖木或砖墙、上层全木的结构形式，使得建筑更为牢固。新的砖混建筑以平屋顶为主，整体外观与城镇建筑类似。

材料上，传统苗侗民居的地面处理方式为木板铺制和黄土夯实，屋顶梁架裸露在外，现在大部分民居对居住层地面进行水泥硬化处理，少部分首层也采用相同的处理方式。屋顶使用木板为吊顶，遮盖暴露的屋架；部分苗侗民居改传统木窗格为现代的推拉窗，与木板墙形成鲜明对比。但是由于使用新材料的构造手法并不熟练，致使砖在围护结构中的使用以及门与窗户的替换只涉于局部的处理上，并没有形成一套完整的改造体系。

2. 发展特性

家族人口变化导致苗侗民居功能布局的演变，但这种平面变迁的形态却截然不同。苗居多数是在原有平面基础上进行新建，而侗居只在原有的基础上进行功能的重新调整，在不得不新建的情况下，侗居选择在横向空间上延伸，增加更多的附属房。

苗侗民居的特色空间也存在着不同的发展趋势。苗居开放式的美人靠，不防风雨，冬天无法保温。随着人们生活水平的提高和传统交流功能退化，苗民采用玻璃窗将美人靠上部进行封闭，既能起到保暖、防风雨的作用，也利于楼板的防腐；新建的侗居中宽廊有变为窄廊道的趋势，这主要是由于现代社会丰富的娱乐方式取代了传统的家庭聚会、歌唱等活动，宽廊作为容纳这些休闲活动的功能逐渐丧失。另外，人们采用木花格门窗对宽廊加以封闭，避免冬季寒风进入。与之相对应的是二楼的卧室面积逐渐增大，功能增加，不但有梳妆台、沙发，有的还将卫生间纳入其中。

此外，黔东南作为众多少数民族世居的区域，伴随着民族文化交往的日益加深，苗侗民居在继承本民族传统建筑文化的同时，也注重借鉴吸收其他民族的建筑文化优点。在建筑形式上，由于地形气候的影响，部分侗族民居也采用底部架空的苗族传统“半边楼”形式；苗居同样采用侗居的建造手法，在山墙的一侧或两侧增加披檐，下设楼梯作为由底层进入二层的通道，运用逐层出挑的方式，扩大使用空间面积，形成类似侗居“占天不占地”的格局；在平面布局上，侗居也发生了进深变浅的变化趋势，使传统前—中—后的纵向序列逐渐向苗居左—中—右的横向序列转变，以改变靠山面房间的通风、采光状况。

由此可见，苗族、侗族与汉族民居建筑文化之间相互影响，相互渗透，相互融合，彼此取长补短，积极创造与自身居住环境协调的新的建筑文化体系。

五、结语

干栏式建筑是我国人民在长期生活实践中摸索出来利于生存的居住模式。尽管苗侗民居外观造型、空间模式和功能布局有所差别，但在地理、气候和使用防御等方面，都符合当地居民日常生产生活的需要，因地制宜，极具地方特点和民族色彩，在中国传统民居建筑史上，具有颇高的建造工艺和艺术价值，更独具生态环保性，值得保护和传承。另外，苗侗民居作为地域性民居建筑，在传承自身民族气质的基础上，积极地与周边其他民族多元建筑文化相互交织、相互借鉴，以创造出与不断变化的环境相适应的且又不失民族特色的建筑形式，这也必将是未来区域性民居建筑的重要发展方向之一。

附录二：苗族民居吊脚楼的再生设计

黔东南苗族聚居地属于亚热带季风性湿润气候，冬无严寒，夏无酷暑，雨热同期，植被覆盖率高，海拔500～1000米，位于云贵高原向湘桂丘陵盆地的过渡地带，山形复杂地势不平，素有“天无三日晴，地无三尺平”之称。苗族人因地制宜，智慧性地创造了吊脚楼民居。苗族民居建筑依山而建，择险而居，与山体坡面相结合，依等高线排列，有很好的日照条件和视线。由于相对封闭，受到新文明、新观念思想的冲击较小，建筑空间在性质上并没有太大的变化，只是在数量上不断增加，这也很好地保留了建筑与聚落的特点。

一、西江千户苗寨的自然环境

黔东南地区苗居地形复杂，多为山丘，地貌特点复杂多样。苗族先人在适应和改造自然环境的过程中，逐渐构建出了与地理地貌相互融合的吊脚楼。吊脚楼多依等高线横向排列，分布在山腰、山脊、河谷等地，充分利用山地地形，沿垂直方向顺坡势层层递升，同时局部又随地形变化而灵活变化。由于坡度不大的肥沃耕地面积有限，因此在楼之间又能零星地见到耕田，形成大大小小的开敞空间，使得空间更加层次丰富。建筑与山体融为一体，自下而上不断蔓延发展，特点鲜明。苗族先民从遥远的江浙一带迁徙到黔东南地

图1 西江千户苗寨鸟瞰

区，在这片土地扎根，并且创造了符合自然环境的吊脚楼，无论取材还是使用上，都体现出苗族先人的智慧。

西江千户苗寨位于黔东南苗族侗族自治州雷山县境内，地处国家级雷公山自然保护区的雷山山麓，距离雷山县城36公里，距离州府凯里35公里。千户苗寨主要由两山一河组成，两山山麓布满吊脚楼，整体形似巨大的牛角（图1），发源于雷公山的白水河自东南向西北围绕着整个寨子。其中的宅便是典型的苗族民居吊脚楼。清宅地处东侧山体半山腰处，背靠大山，日照充足。

二、苗族民居吊脚楼的现状

苗族传统民居为吊脚楼或半边吊脚楼，这种形制可以追溯至远古时期的干栏式民居。干栏式民居是远古时期我国南方典型的巢穴建筑形式，历史悠久，民族特色鲜明，同时苗寨的布局排列也因地制宜，十分科学。但是随着经济发展，时代进步、网络信息的快速传播、苗寨旅游业的大力发展，苗乡无论是生活方式还是民族习俗都受到外来文化的冲击，因此苗族民居也需要相应地改变来适应时代的发展。随着文化的大交融，苗寨与外界交往越来越频繁，现代生活方式与外界文化意识对苗寨的冲击越发强烈。因此，如何辩证地保护与传承乡村聚落和民居建筑的地域性特征是值得深入思考和探索的。经过考察和调研，笔者发现传统的苗族民居存在着一些不合理的地方，主要表现在以下几点：

1. 用材问题

从苗寨整体的环境来看，森林资源十分丰富，雷公山的地质条件非常利于高大树木的生长，因此杉木成为民居建筑最主要的建筑材料。但当今社会提倡绿色可持续发展，而吊脚楼所有建筑构件都由木材制成，民居修建尺度越来越大，对木材的需求有增无减。长此以往，即使目前黔东南植被丰富，也总有消耗殆尽的一天。木材作为建材，最大的缺点就是易燃，大面积的木屋连在一起容易发生火灾，如何预防火灾的发生也值得思考。

2. 采光和通风问题

同时，室内也没有任何装饰面的修饰，全部为木材本身的颜色，建筑开窗小，室内光照不充足，即便有退堂、美人靠这种半室外空间进行通风采光，其他室内空间依旧很昏暗，白天进行室内活动也需要开灯，并且使用时间越久，木材颜色越暗。吊脚楼为全木楼，而木材存在一些不可回避的问题。隔声性能很差，上层走动会对下层造成很大的声音干扰，即便同层也会受到木楼板震动的噪声影响，在一间关上门的房间里仍不可避免地受到另一间房中走动的声响干扰。另外地面模板厚度也只有2~3厘米，在长期使用过程中，受坠物撞击、摩擦等作用，常常导致局部破损，出现小的裂孔，使得上下层产生视线干扰，特别是对于下层卧室等私密性用房，在心理上产生了干扰，破损的楼板使空间显得破旧。

3. 空间使用问题

仅凭传统居住经验的延续，而当人们逐渐开始接受现代生活方式时，其缺少科学的分区原则指导的弊端开始显现，例如传统模式中使用空间与交通空间混杂，联系上下层空间的梯段设置随意而干扰使用空间效率；当使用者从内部空间进入外部空间时，对它们之间的过渡性空间需求迫切，而此空间中发生的诸如换鞋、更衣等行为方式的潜在需求较大；在利用上，空间表现出一定的效率低下问题，堂屋空间在建筑中主要作为交通组织空间，不仅在横向平面空间组合上，而且在纵向空间联通上，都成为各种生活、生产空间联系的枢纽。堂屋只在特定时间点上才具有生活空间的作用，在时间上的综合利用显然不足。堂屋一般是生活空间中容量最大的，在其常态下仅作为交通空间，导致出现太多的闲置空间，没有得到有效利用。

4. 卫生问题

随着现代生活方式的融入，苗民在清洁习惯上也有所改变，对清洁环境的舒适度也有了更高的要求。而过去村寨为无组织式排污，厕所一般设置在底层圈养牲畜层或是在主体建筑外侧，使用并不方便。厕所被认为是边缘空间，空间处理不受重视，特别是卫生状况堪忧。另外，厕所被认为是难登大雅之堂的空间，与主层生活空间联系不强。而厕所恰恰是现在居住建筑中的重要使用空间，空间使用率很高。在西江已实现家家通自来水的背景下，厕所空间的组织如何更好地适应现代生活要求、提高生活质量是值得反思的。

三、清宅的再生设计

经过一段时间的实地走访和调研，笔者认识到黔东南苗族地区主要是受制于自然条件，环境相对闭塞，导致经济欠发达，再加上其他种种原因，造成人们聚居生活的村落和住宅的空间环境条件。此次的再生设计研究本着因地制宜、因势利导的原则来改善他们的生存环境，满族苗族村民对现代生活的需求。这样不但能够保存地域文化的特色，而且是尝试着探索乡土文化传承的一种积极和有效方式，而不是一味地向城市文化靠拢，这样才能保持各民族文化的多样性。本文以清宅为例，尝试对民居建筑及室内空间进行更新改造设计，改善苗族人的居住生活环境，使之更符合现代生活习惯，也为日后苗族民居更新改造提供一个可行的模式。

1. 用材的传承与更新

木材作为黔东南地区传统的建筑材料，最大的优势在于就地取材方便，这使得整个房屋的造价更加经济，同时经过长期的实践证明，木材作为传统建筑用材，对于民居建筑本身的地域性，木材能够更好地诠释，且为对苗族民居吊脚楼的发展见证。随着时代进步和科技发展，传统建筑材料应与现代化材料相结合，扬长避短，在充分发挥木材的优点的同时规避它的缺点。例如清宅，可以使用现代材料对木材进行部分性替代，既降低木材的消耗，又改善了原有的结构性能。利用现代技术对于木材进行浸渍处理，提高木材的防火性能，避免火灾的发生。在设计时，可采用现代材料对木楼板进行替代，进行必要的声学上的处理，减少上下层和相邻房间之间的声音干扰。相较于木制楼板来说，这样的做法也更加耐用，同时还不影响吊脚楼的传统外观。

2. 室内采光的改善

传统苗居的室内采光不好，一个原因是原有的窗洞口过小，第二个原因是室内墙面的木板长年累月下来颜色变深，使得室内光线昏暗，氛围压抑。关于清宅室内采光问题，在此设计中，笔者将吊脚楼开窗面积扩大，增加室内采光，同时在位于背光位置的空间，内部木墙上贴浅色现代科技防火板或者用浅色油漆（涂料）饰面，在提高木材防火性能和耐久性能的同时，浅色的墙面会使内部空间更为明亮。

3. 居住层内部空间的调整

苗族民居吊脚楼一般分为上、中、下三层，首层为吊脚层，用于圈养牲畜或存放杂物；二层为居住生活空间，分别为堂屋、退堂、火塘间、卧室、厨房以及其他辅助功能房间，结构比较简单，以堂屋为中心，以对称的样式呈放射状布局；三层多为粮仓，偶尔也作为子女用房。笔者通过调研发现，苗居中很少出现入口过渡空间，并且交通流线比较混乱，不利于现代生活，清宅中也存在着同样的问题。再设计的过程中，考虑到苗寨建筑间距较小，寨路一般为1.5～2米宽的阶梯小路，宅前路可调整的概率更小，因此，保留原有的入口位置，只对内部空间进行更新设计。在清宅中，首先入口处设置玄关，增设衣橱鞋柜，为换鞋、更衣等行为提供空间，满足现代人的生活方式。

随着经济发展，清宅乃至大多数苗居中的火塘间已不再是火坑，而是取暖铁炉，承担部分的烹饪任务，相当于辅助厨房，因此将原本的厨房和火塘间合二为一，使原本厨房的位置空出，用于其他功能。

堂屋作为整个生活层的中心，无论是在位置上还是在苗族人的心中，都是神圣而不可替代的精神空间，但在使用过程中通往上下层的楼梯也位于堂屋，且所有房间都朝向堂屋开门，因此更多地充当了交通空间，在改造过程中将楼梯间改到入口北侧原本厨房的位置，占据左半部分，成为独立的空间（图2）。

在再设计的过程中，尊重原本的民族信仰、风俗习惯十分重要，民居建筑寄予着族人祖祖辈辈的信仰与希望，宗教表现之处是民族民居建筑之魂魄。苗族民居建筑堂屋中通常会设置祖堂，祖堂在苗族人眼中是供奉祖宗的地方，十分神圣，寄托着一家人的夙愿与情怀。因此，堂屋保留祖堂，改动楼梯后成为较独立完整的空

图2 传统苗族民居的堂屋空间

间，靠近祖堂部分设置为起居室，成为家人主要的交流活动空间，靠近退堂美人靠的部分设置为餐厅，使用过程中可以和半室外空间美人靠相结合，可容纳众多亲朋好友。

4. 卫生条件的改善

清宅原本的卫生间位于底层空间的东北角，使用起来需要上下楼梯，十分不便。在西江千户苗寨已实现家家户户通自来水，并已经铺设好市政管网的背景下，再设计后将卫生间调整到楼梯附近的房间，同时在二层生活层增设一个卫生间，放置于原本厨房位置的右半部分，正好与底层的卫生间上下叠在一起，方便使用。厨房和火塘间合二为一后，增设现代科技的排烟机，其开口处加设上下交错的钢条，用以悬挂苗族人喜爱的美食——腊肉和香肠等。

5. 适应旅游的发展

苗寨中苗人在现代生活中与旅游相关的事情所占的比重越来越大，在旅游经济蓬勃发展的现实背景下，清宅现有的空间要素缺少适当的回应。清宅原本底层圈养层内各种工具、杂物摆放十分杂乱。在旅游业发展的大背景下，底层作为临街的房间具有较高的商业价值，再设计过程中，将底层左侧部分空间改造为苗族手工绣坊展售体验店，向游客展示苗族传统的苗族刺绣、扎染、蜡染等，既能展示传统民族文化，又可以提高家庭收入。底层右侧空间改建为库房，设置大型库房货架，存放各种农具、家庭杂物等，使原本脏乱的圈养层整洁干净。

四、结语

苗族民居建筑的传承与发展，对中华民族地域性传统民居文化研究具有非常重要的意义。笔者认为，应该对苗族民居吊脚楼的价值给予足够的重视，合理地更新、保护和发展，使其既能适应现代的生活，又能保留其民族和地域的特性。保护和发展传统苗族民居建筑是一个系统的、细致的和具有文化持续性的工程，应该在快速融合发展的时代背景中追求并强化差异性，使其保留原本的民族特色和文化内涵。笔者尝试对苗族民居建筑进行再生设计，在苗寨旅游业蓬勃发展的背景下，为大部分苗居提供一个可行的改善生活的方向与模式，旨在保护传统苗居建筑的同时，与现代生活需求相结合。笔者以清宅为例，深入了解当苗寨人民的生活状态和生活方式，依据实际情况，在设计实践中探索苗族民居建筑再生的可行性，试图以尊重且最符合苗族人平日生活状态的方式，来更新与延续与环境相融的苗族民居建筑。

参考文献

[1] 罗德启. 贵州民居[M]. 北京：中国建筑工业出版社，2008.

[2] 张欣. 苗族掉姜楼传统营造技法[M]. 合肥：安徽科学技术出版社，2013.

[3] 冯天瑜，何晓明，周积明. 中华文化史（第二版）[M]. 上海：上海人民出版社，2005.

[4] 高培. 中国千户苗寨建筑空间匠意[M]. 武汉：华中科技大学出版社，2015.

[5] 刘丽芳. 中国民居文化[M]. 北京：时事出版社，2010.

[6] 过竹. 苗族民俗风情[M]. 南宁：广西民族出版社，2012.

[7] 卢云. 黔东南苗族传统民居地域适应性研究[D]. 贵州大学，2015，6.

[8] 杨正伟. 试论苗族始祖神话与图腾[J]. 贵州民族研究，1985.

[9] 陈昱成. 中国苗族文化的民族学研究[D]. 中央民族大学，2007.

[10] 鸟居龙藏. 从人类学上所看到的中国西南地区[C]//鸟居龙藏全集. 东京：朝日新闻社，1976.

[11] 陈志永，杨桂华，陈继军，等. 少数民族村寨社区居民对旅游增权感知的空间分异研究——以贵州西江千户苗寨为例[J]. 热带地理，2011（2）.

[12] 罗德启. 中国贵州民族村镇保护和利用[J]. 建筑学报，2004（6）.

[13] 彭一刚. 新寨自然村调查[M]. 北京：中国经济出版社，2010.

[14] 彭一刚. 传统村镇聚落景观分析[M]. 北京：中国建筑工业出版社，1994.

[15] 王铁. 贵州民居实考[M]. 北京：中国水利水电出版社，2014.

[16] 吴良镛. 建筑文化与地区建筑学 [J]. 华中建筑，1997.

[17] WHITE T E. Concept Sowlebook：a Vocabulary of architectural forms [M]. 1993：21-25.

[18] 关雪荧. 苗族民居建筑艺术的保护与传承研究 [D]. 中央民族大学，2012.

[19] 徐辉. 黔东南苗乡侗寨 [M]. 南京：江苏科学技术出版社，2014.

[20] 向业荣. 干栏式苗族民居的研究及其现代启示 [D]. 西南交通大学，2008.

[21] 肖湘东. 湘西民居建筑布局和空间研究 [D]. 中南林学院，2004.

[22] 石娜. 苗族装饰艺术在室内设计中的研究 [D]. 南京林业大学，2008.

[23] 舒尔茨. 存在·空间·建筑 [M]. 尹培桐，译. 北京：中国建筑工业出版社，1990.

[24] 施鹤芳. 黔东南苗族民居建筑形态与建筑文化研究 [D]. 哈尔滨师范大学，2014.

[25] 霍晓丽. 苗族民间宗教信仰与和谐社区构建关系研究 [D]. 湖北民族大学，2014.

[26] 肖骁. 西江千户苗寨吊脚楼价值文化探索与传承 [J]. 人文地高，2010.

[27] 王乐君. 黔东南苗族聚落景观历史与发展探究 [D]. 北京：北京林业大学，2014.

[28] 郭欣欣. 苗族服饰图腾图案的美学探析 [D]. 西北大学，2010.

[29] ZUCKER P. Town and square [M]. Cambridge：MIT press，1970.

[30] 铃木正崇才. 中国南部少数民族文化志海南、云南、贵州 [M]. 东京：三和书店，1985.

[31] 吴良镛. 人居环境科学导论 [M]. 北京：中国建筑工业出版社，2002.